技法与素材大全

罗家良◎主编

GUOJIANGHUA

JIFA YU SUCAI DAQUAN

化学工业出版社

·北京·

图书在版编目（CIP）数据

果酱画技法与素材大全/罗家良主编．—北京：化学工业出版社，2015.8（2024.7重印）
ISBN 978-7-122-24090-3

Ⅰ.①果…　Ⅱ.①罗…　Ⅲ.①果酱-装饰雕塑　Ⅳ.①TS972.114

中国版本图书馆CIP数据核字（2015）第111239号

责任编辑：彭爱铭　　装帧设计：溢思视觉设计工作室
责任校对：王素芹

出版发行：化学工业出版社（北京市东城区青年湖南街13号　邮政编码100011）
印　　装：北京缤索印刷有限公司
880mm×1230mm　1/24　印张5　字数131千字　2024年7月北京第1版第14次印刷

购书咨询：010-64518888　　售后服务：010-64518899
网　　址：http://www.cip.com.cn
凡购买本书，如有缺损质量问题，本社销售中心负责调换。

定　　价：49.00元

目录

第三章 果酱画图片实例

第一章

果酱画知识简介

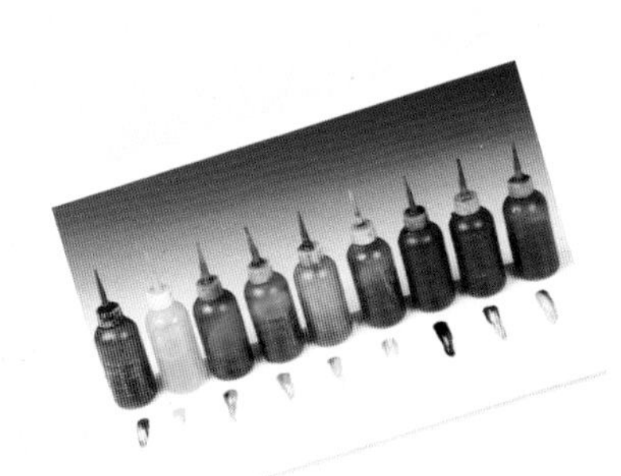

1.1 果酱画的工具与用法

现在画果酱画，只需备好这几样工具，就可以了（见图 1）：酱汁笔、棉签、竹签（牙签）、小毛笔等。

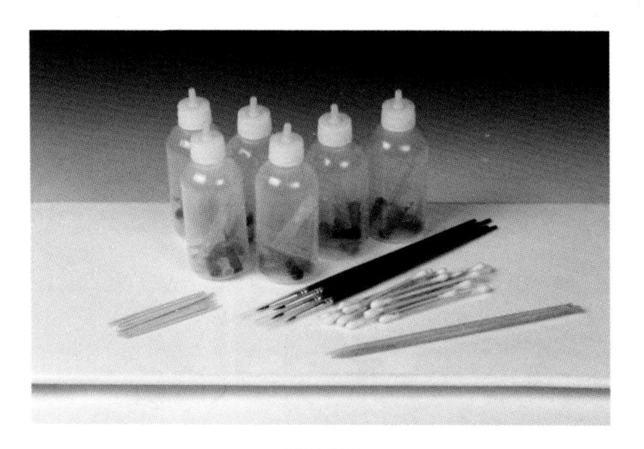

图1

塑料酱汁笔（见图 2）：也叫酱汁瓶、酱汁壶，较小，质软，价低，是画果酱画最重要的工具。有七个不同粗细的笔头（见图 3)，从左向右逐渐变粗，可以更换，使用起来很方便，边挤果酱笔边画画即可。酱汁笔的用法主要有三种，一是用较细的笔头画线条；二是用较粗的笔头涂色块；三是点出一些小圆点、如花心，鸟眼、小果实等。

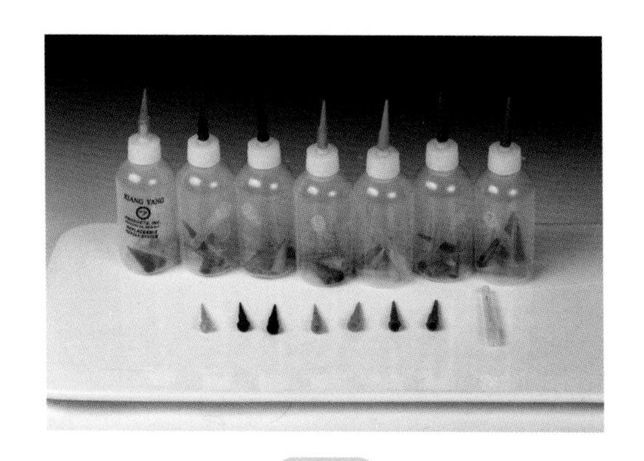

图2

图3

棉签：三种用法，一是用棉签蘸适量果酱画出（或者说擦出、点出）图形，如花瓣、葡萄、果实、小鸟类的羽毛等；二是用棉签蘸走一些多余的果酱（如画水果的高光亮点等）；三是用干净的棉签将画坏的地方擦干净。

竹签或牙签：也有三种用法，一是用细牙签画出渐变的花瓣（即有深浅变化的效果）；二是用较粗的竹签画出较粗犷的马鬃、龙鬃等；三是在半干的深色果酱中划出白色的线条。

细毛笔：其实这是果酱画中最不常用的工具，只适合画竹叶（确切点说是蘸出竹叶）。因为果酱是有一定稠度的，所以毛笔醮上果酱后是画不出线条来的。

还有一种工具，就是我们的手指，用手指蘸上适量果酱后可以画出花瓣、绿叶、羽毛等等，也可以擦出（手指与盘面保持一点距离）大面积的底色，如柳树、河水等。

1.2　果酱画的原料

画果酱画，原料首选镜面果膏，也叫果沾、水晶光亮膏等。特点是稠度适宜，画线流畅，表面光亮，透明度好，可调成各种颜色（见图 4）。此外，也可使用沙拉酱、巧克力酱、蓝莓酱等。

色素，选油性的食用色素或水油兼溶的食用色素均可（见图 5）。市场上没有黑色的食用色素可卖，所以需要将红、黄、蓝三种色素按 1 ： 1 ： 1 的比例混合好即可成为黑色素。

常用的果酱颜色有：红、黄、蓝、绿、橙、浅棕、黑、棕（巧克力色及咖啡色）、墨绿。

图 4

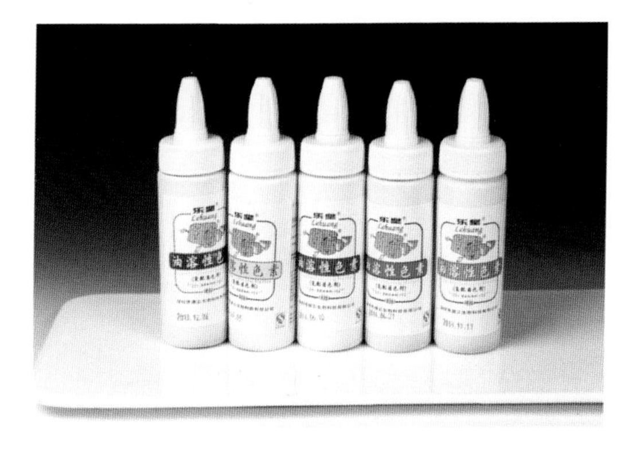

图 5

其中黑色和棕色是最为常用的颜色，主要用于画线条。红、黄、橙、绿主要用于画花草树叶等。浅棕色也是一种常用的颜色，可用于画一些阴影或过渡性的色调等。墨绿色是在绿色果酱中混入一些黑色果酱调成，常用于画国画图案中的绿叶。蓝色一般用得较少，紫色果酱由于调好后容易变色（变黑），所以不常用，或是现用现调。粉色的果酱也很少用，因为粉色的色素（不论是油性的还是水油兼溶的）都不易与果酱溶和（即有颗粒），所以粉色果酱也很少使用（图 6）。

图 6

1.3 怎样画好果酱画？

1. 先用酱汁笔在盘子上反复画一些线条，如弧线、螺旋线、折线等，注意握笔（即挤压果酱瓶）的力度与运笔的速度，力求使线条流畅、舒展，一气呵成，画不好了重画，不要反复修改。

2. 从最简单的内容画起，如一片绿叶，一朵小花，一个脚印，一只蝴蝶等。其实果酱画往往是最简单的作品才最有意境，最有装饰性。

3. 根据自己的特点，发挥所长。比如有的朋友擅长书法，有的擅长英文，有的擅长卡通动物等，都可入画。

4. 可尝试用各种工具（如刷子、汤匙、名片、筷子等）及各种手法（如淋、甩、擦、划、抹、蘸、堆、滚、吹等）作画，有时可能会有意想不到的效果，详见图 7 ~ 图 10。

5. 学会用“几何法”画一些动物，如鱼虾、小鸟等，会对提高绘画水平有很大的帮助。

图 7

图 8

图 9

图 10

1.4 “几何法”简介

所谓“几何法”，就是将所画动物的外形拆分成几个简单的几何形，然后再组合在一起，如可以把鸟类的头部和身体看作是两个大小不一样的鸡蛋形，它们之间靠脖子相连，不论鸟类呈现何种姿态，头和身体这两个鸡蛋形状是不变的，而脖颈、嘴、翅膀、尾巴、腿爪都是可动的（见图 11 ~ 图 15）。学会用这种方法画果酱画，对于那些没有美术基础的朋友们来说，会提供很大的便利。

图 11　小鸟的几何形

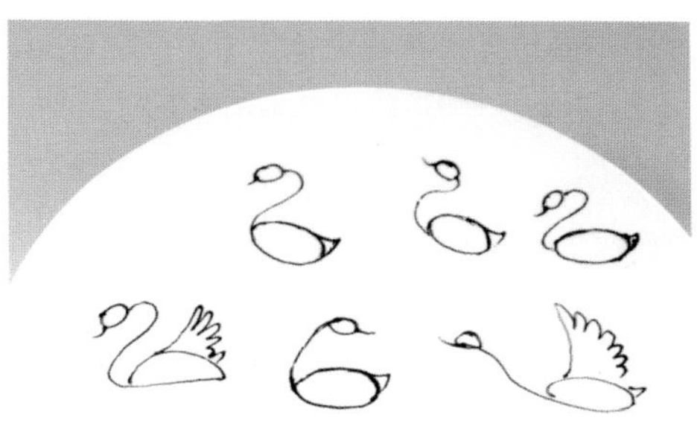

图 12　天鹅的几何形

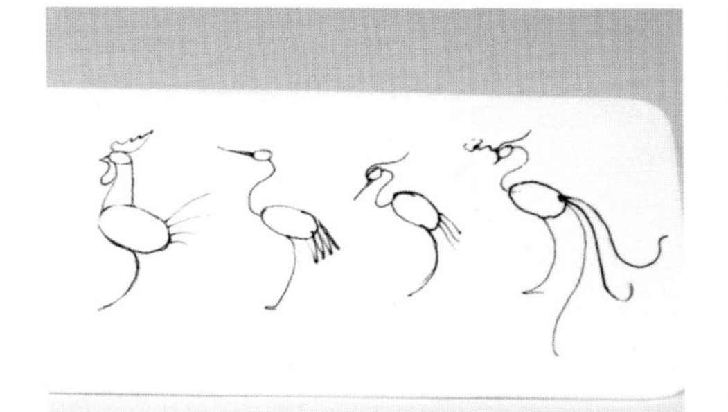

图 13　几种鸟的几何形

图 14　几种动物的几何形

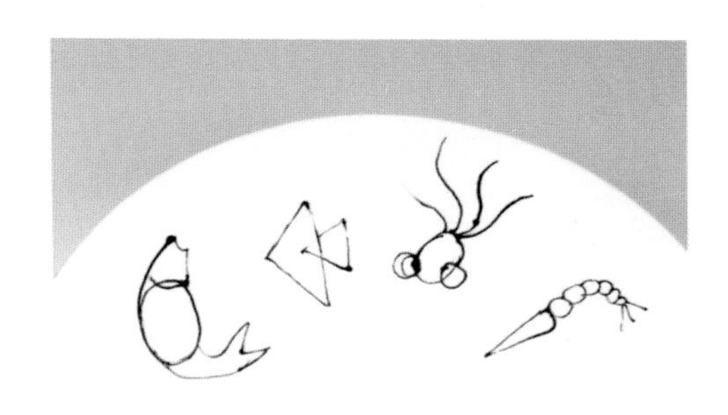

图 15　鱼虾的几何形

需要说明的是，“几何法”是一种训练你造形能力的一种方法，并不是说你在盘子上画画的时候一定要把这几何形画出来，刚开始训练时，可以把几何形画出来，再用棉签擦去，当你训练一段时间后，只要在心里把这几何形想象出来就行了。

下面是用几何法画小鸟的步骤图。

第一步　先画出两个鸡蛋圆形

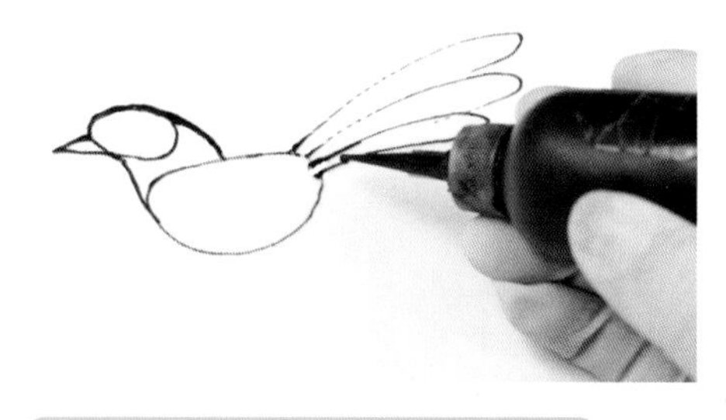

第二步　连上脖颈，画出嘴和尾

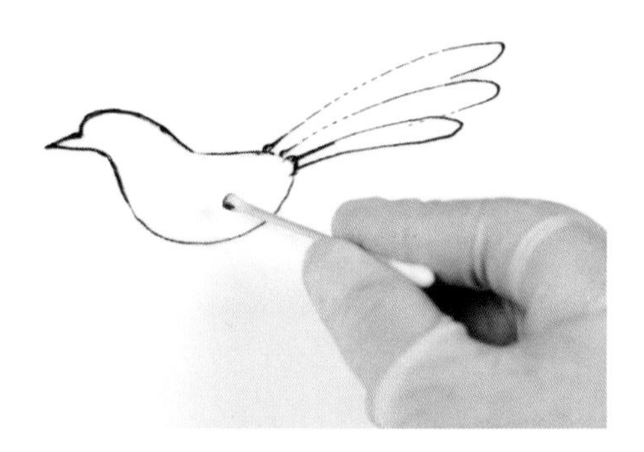

第三步　用棉签将鸡蛋圆擦去

第四步　画出眼、嘴

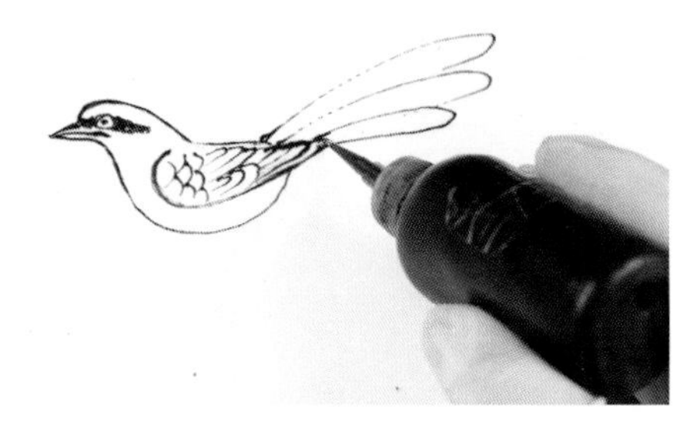

第五步　画出翅膀

第六步　画出腿爪和树枝

第七步　涂上颜色即可

第二章

果酱画分步技法

2.1 小花的画法

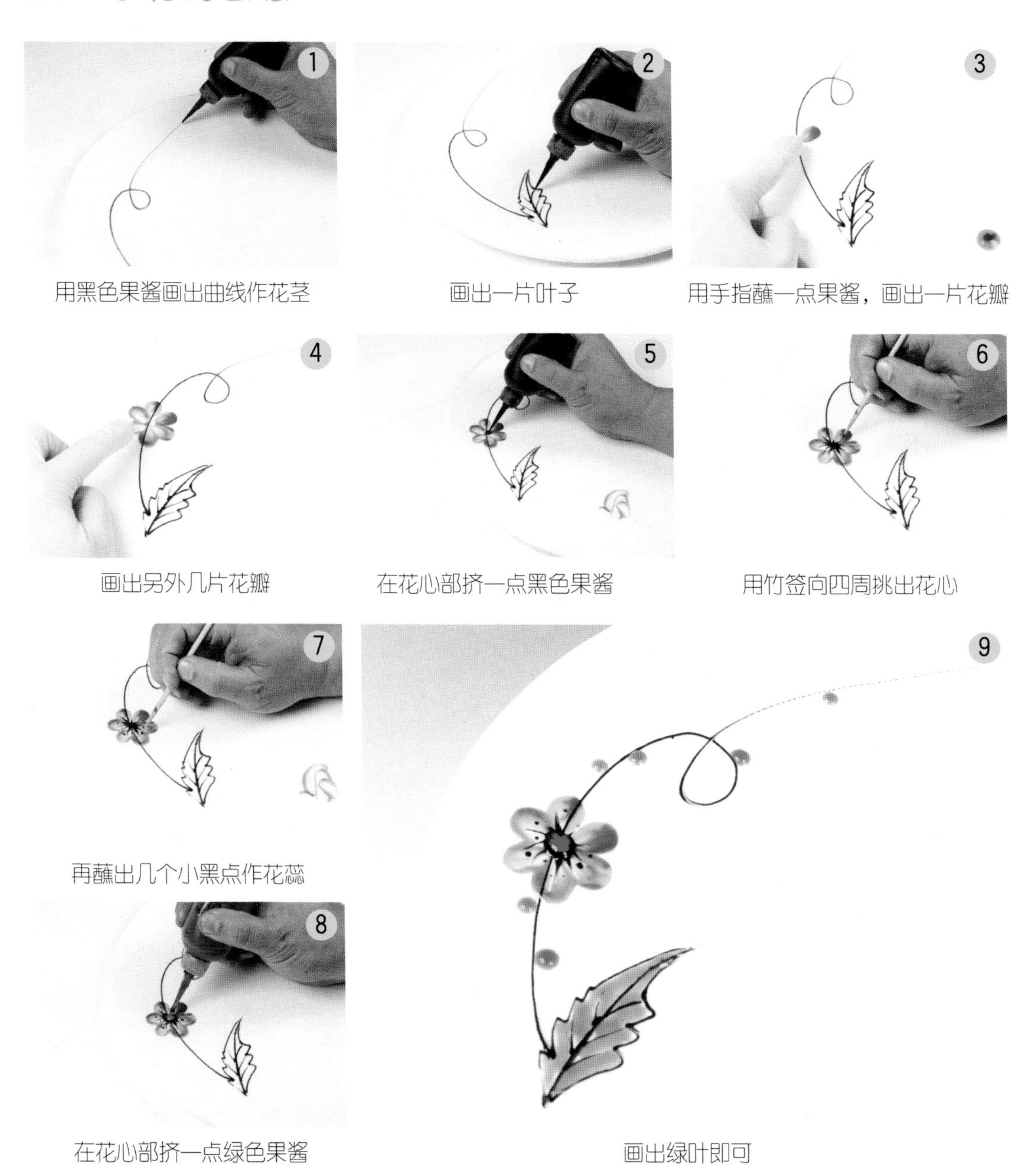

1 用黑色果酱画出曲线作花茎

2 画出一片叶子

3 用手指蘸一点果酱，画出一片花瓣

4 画出另外几片花瓣

5 在花心部挤一点黑色果酱

6 用竹签向四周挑出花心

7 再蘸出几个小黑点作花蕊

8 在花心部挤一点绿色果酱

9 画出绿叶即可

2.2　藤与叶的画法

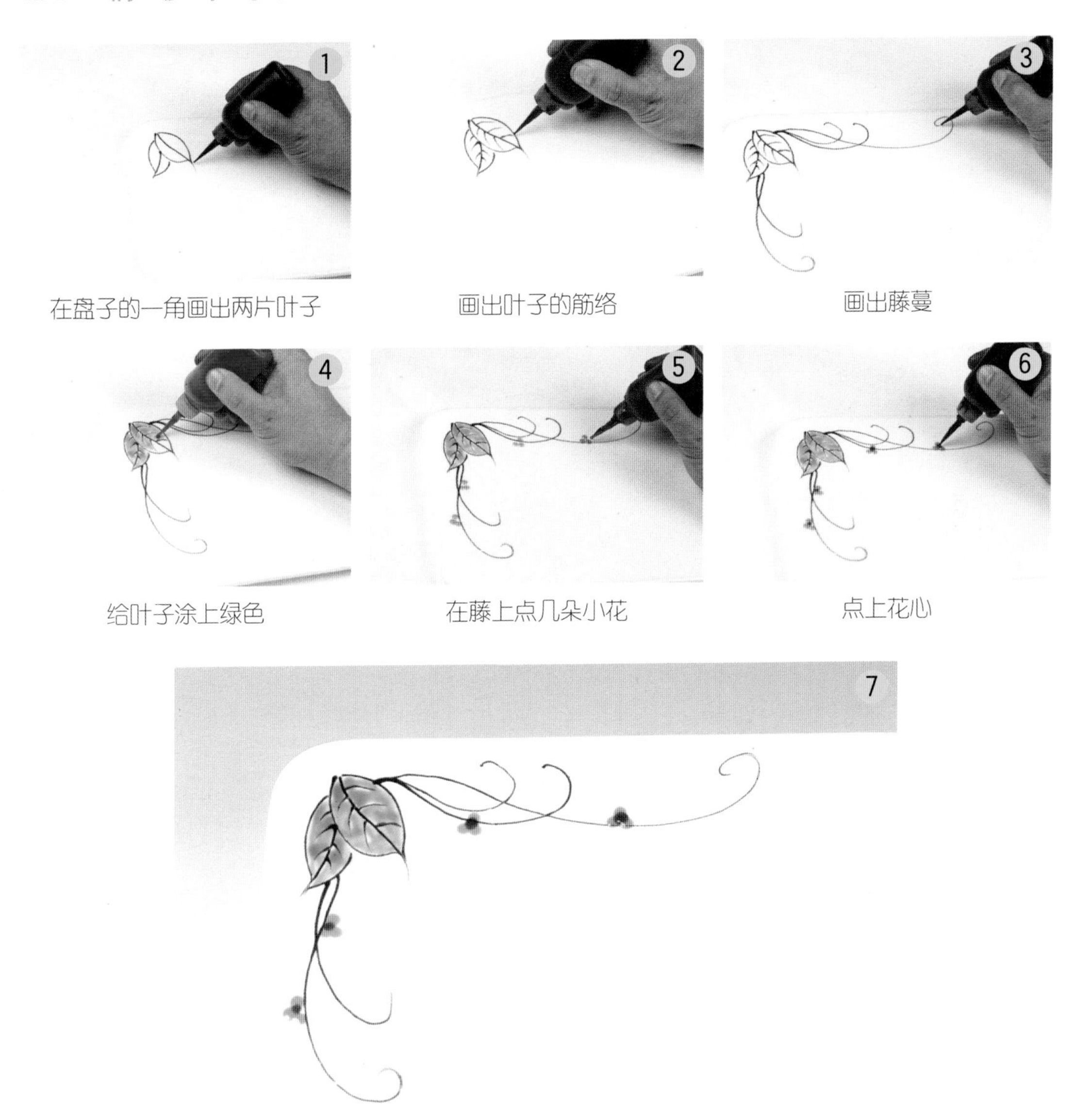

在盘子的一角画出两片叶子

画出叶子的筋络

画出藤蔓

给叶子涂上绿色

在藤上点几朵小花

点上花心

完成

2.3 蝴蝶的画法

在盘边挤一点黑色果酱，用手指蘸果酱画出一只翅膀

再蘸蓝色果酱画出另一只翅膀

画出蝴蝶的身、须

点上翅膀上的圆点

点出身上的节点

再点出两只眼睛

完成

2.4　蒲公英的画法

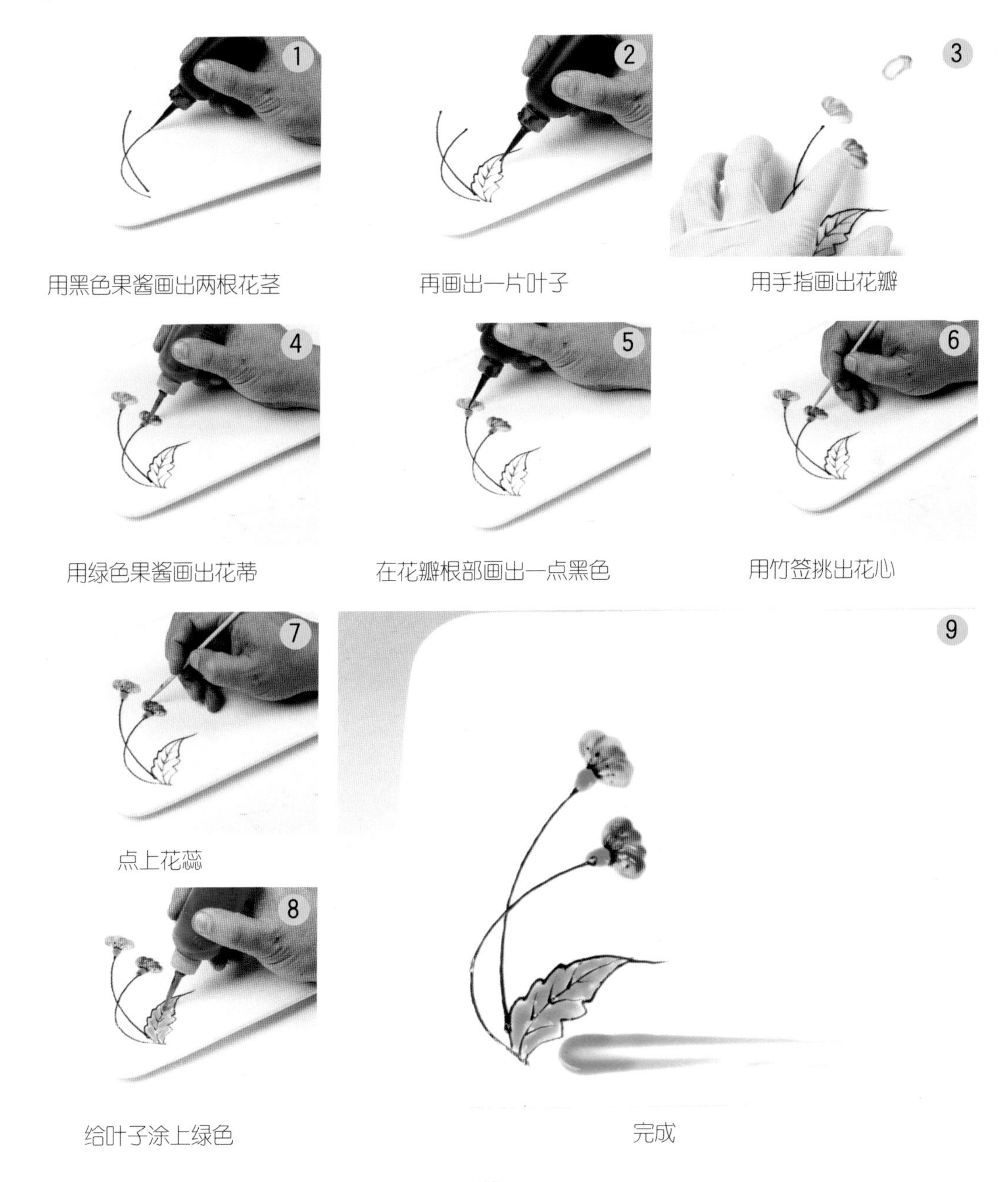

用黑色果酱画出两根花茎

再画出一片叶子

用手指画出花瓣

用绿色果酱画出花蒂

在花瓣根部画出一点黑色

用竹签挑出花心

点上花蕊

给叶子涂上绿色

完成

2.5 剑兰的画法

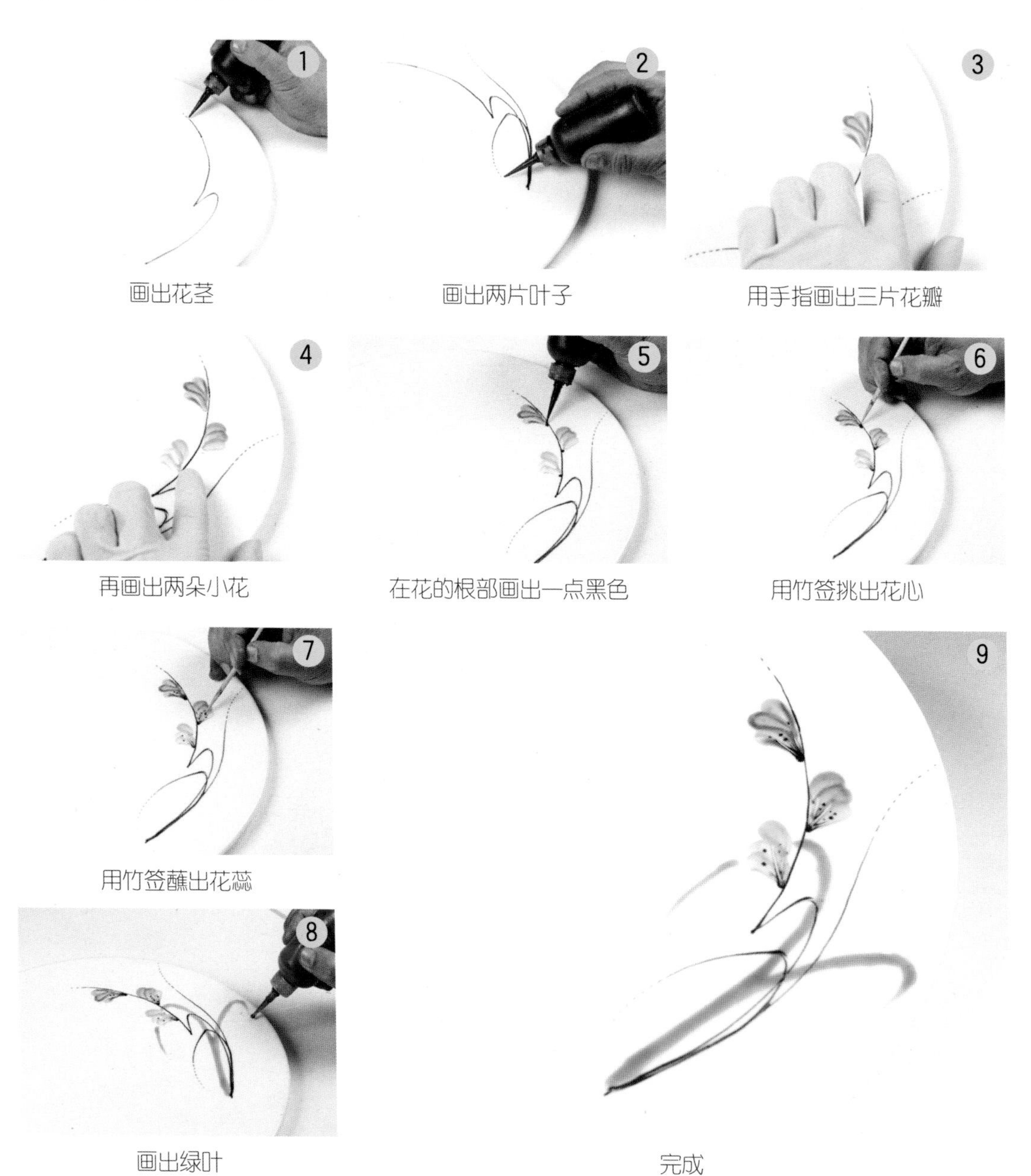

画出花茎

画出两片叶子

用手指画出三片花瓣

再画出两朵小花

在花的根部画出一点黑色

用竹签挑出花心

用竹签蘸出花蕊

画出绿叶

完成

2.6 彩色草的画法

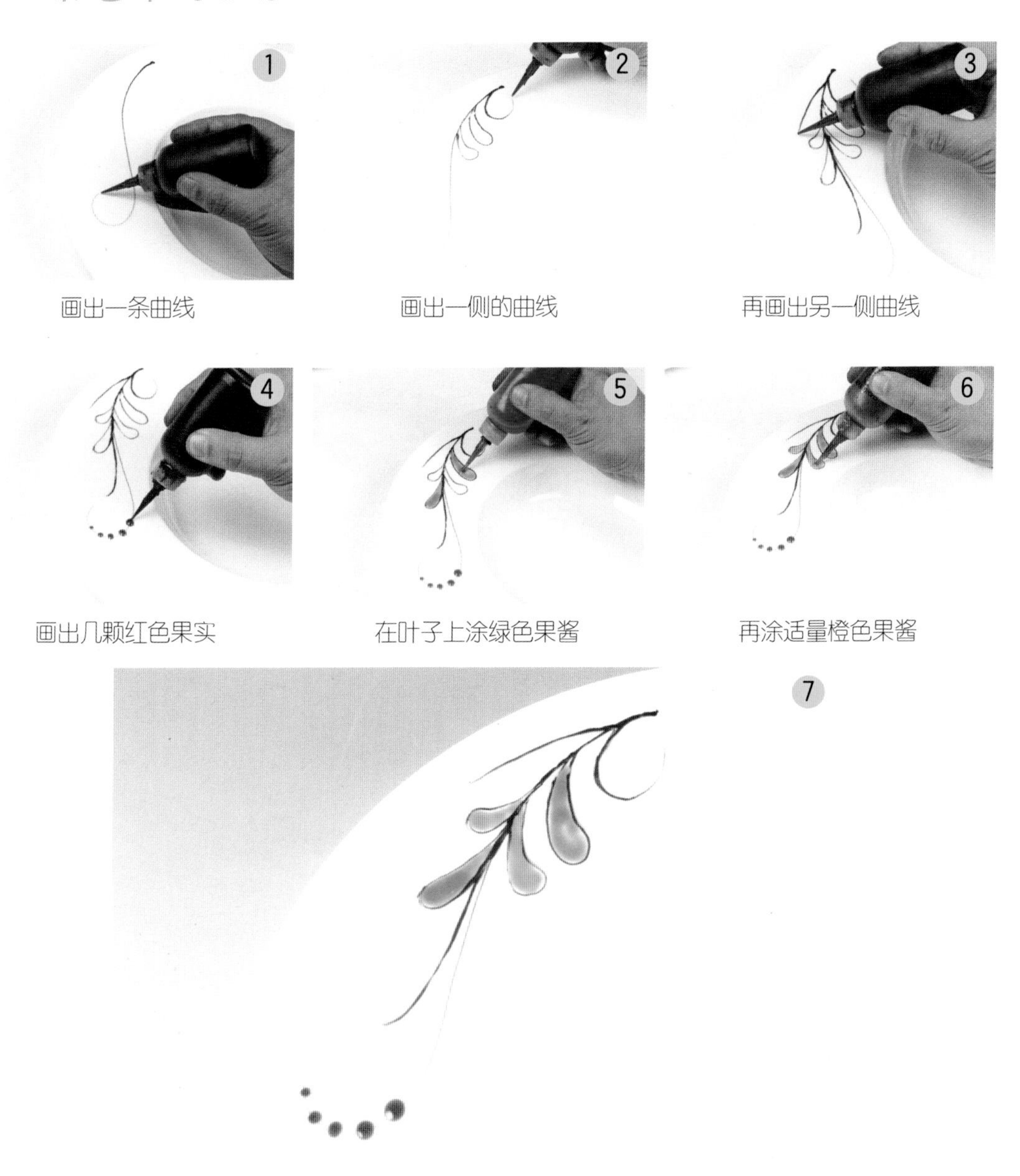

画出一条曲线

画出一侧的曲线

再画出另一侧曲线

画出几颗红色果实

在叶子上涂绿色果酱

再涂适量橙色果酱

完成

2.7 梅花的画法

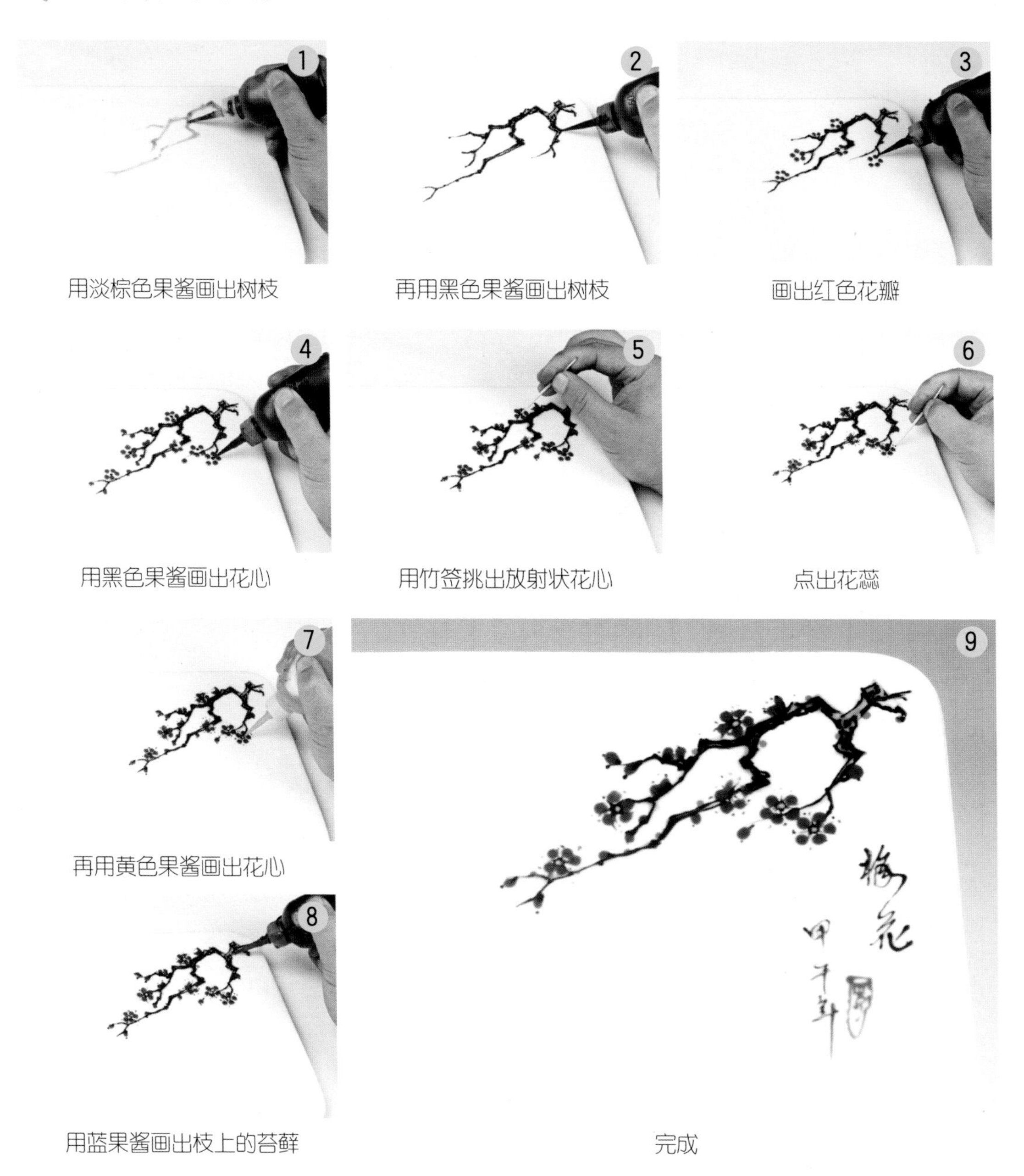

用淡棕色果酱画出树枝

再用黑色果酱画出树枝

画出红色花瓣

用黑色果酱画出花心

用竹签挑出放射状花心

点出花蕊

再用黄色果酱画出花心

用蓝果酱画出枝上的苔藓

完成

2.8　百合的画法

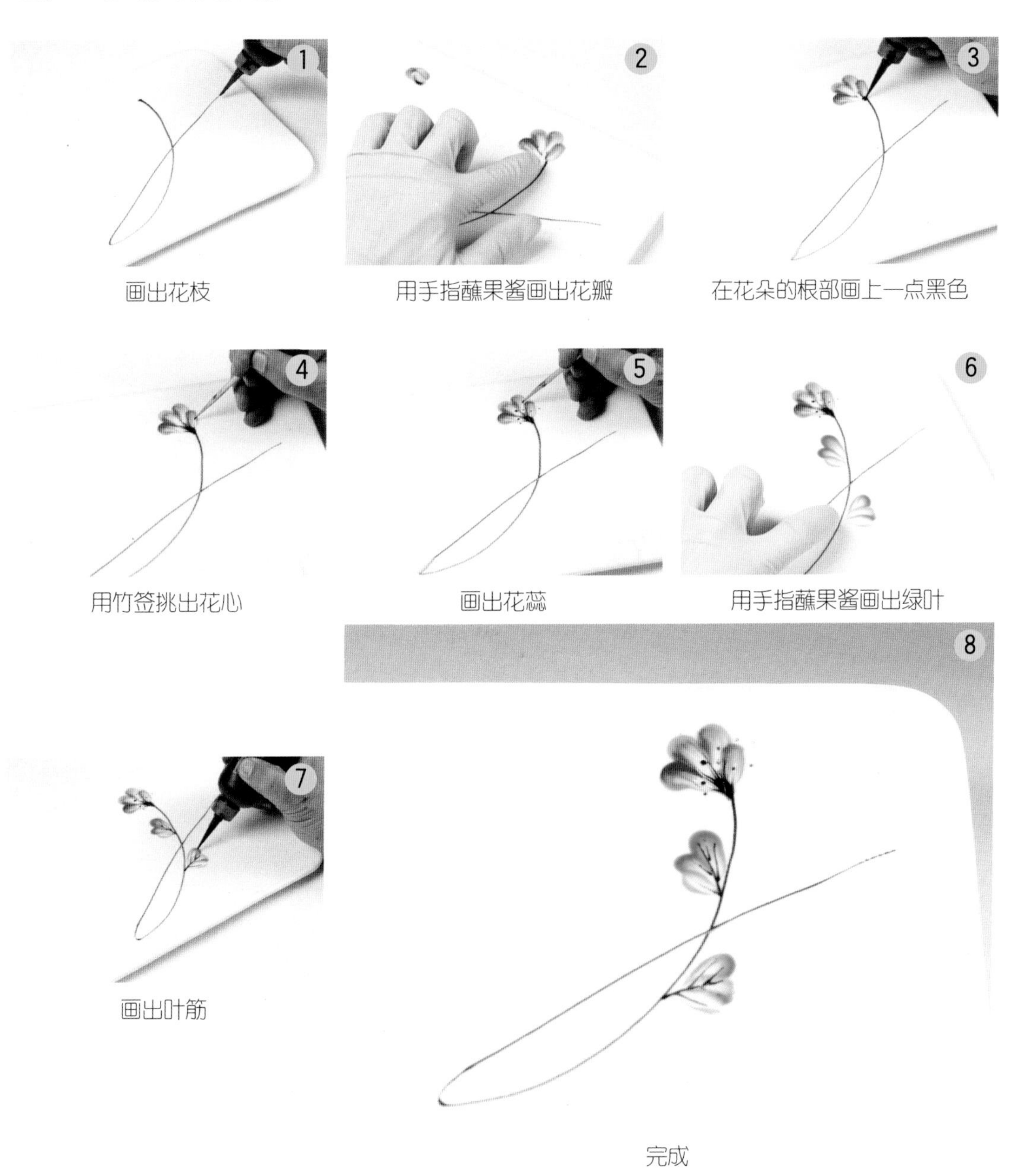

画出花枝

用手指蘸果酱画出花瓣

在花朵的根部画上一点黑色

用竹签挑出花心

画出花蕊

用手指蘸果酱画出绿叶

画出叶筋

完成

2.9 葡萄的画法

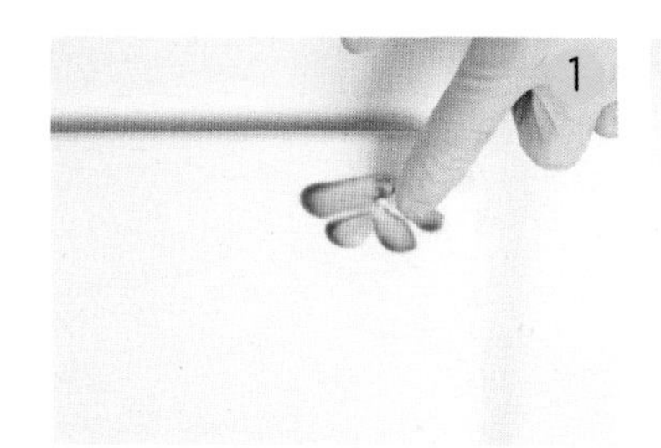

画出绿叶

画出叶子的筋络

将红、紫、绿色果酱挤在盘边，不用混合，用棉签蘸上果酱画出一颗葡萄

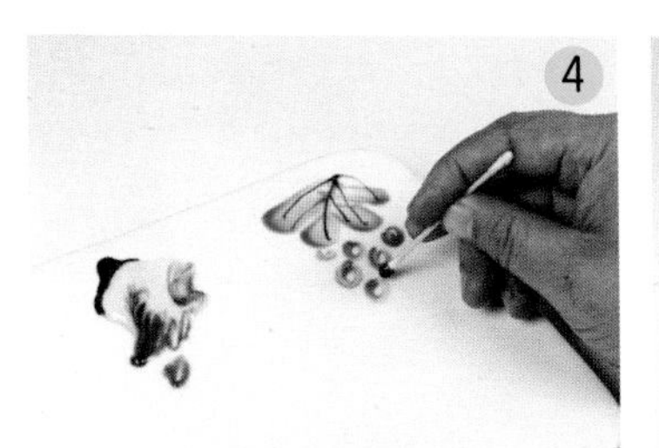

再画出其它葡萄

画几颗绿色葡萄

用黑色果酱画出葡萄顶部

再画出连接葡萄的茎

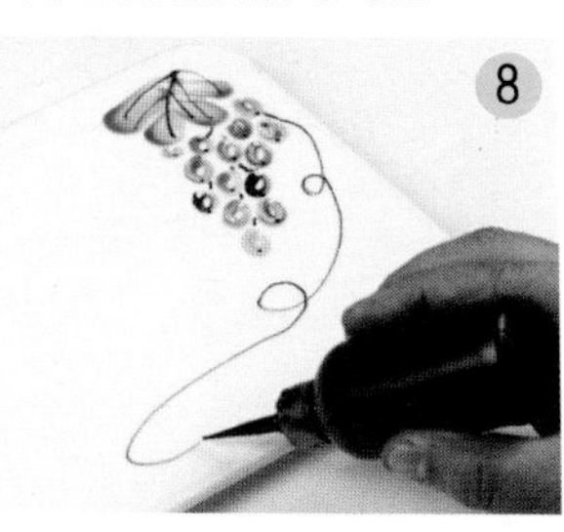

画出藤蔓

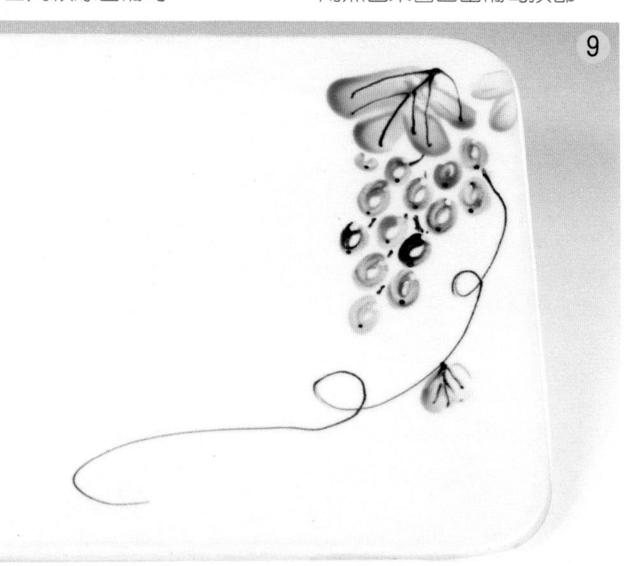

完成

2.10　小树的画法

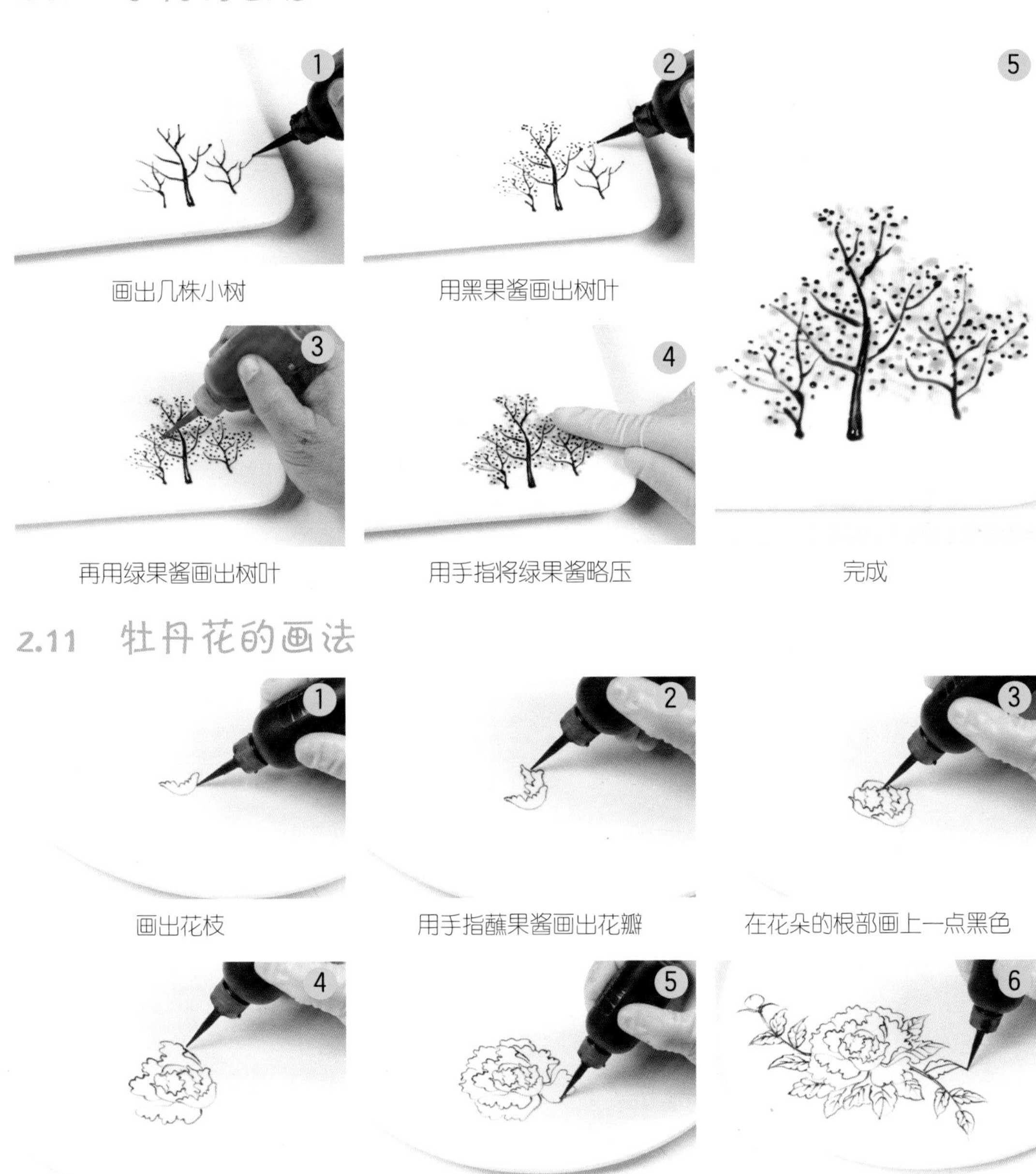

画出几株小树

用黑果酱画出树叶

再用绿果酱画出树叶

用手指将绿果酱略压

完成

2.11　牡丹花的画法

画出花枝

用手指蘸果酱画出花瓣

在花朵的根部画上一点黑色

用竹签挑出花心

画出花蕊

用手指蘸果酱画出绿叶

在花瓣的边缘挤一点红果酱

用竹签挑出渐变的花瓣

画出所有的渐变色花瓣

给花叶根部涂一点淡棕色

用绿果酱给花叶涂色

用黄、绿、黑色果酱画出花心

完成

2.12　大树的画法

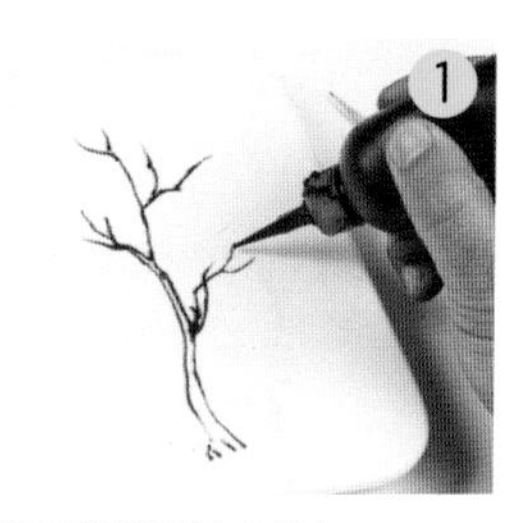

用黑果酱画出树枝

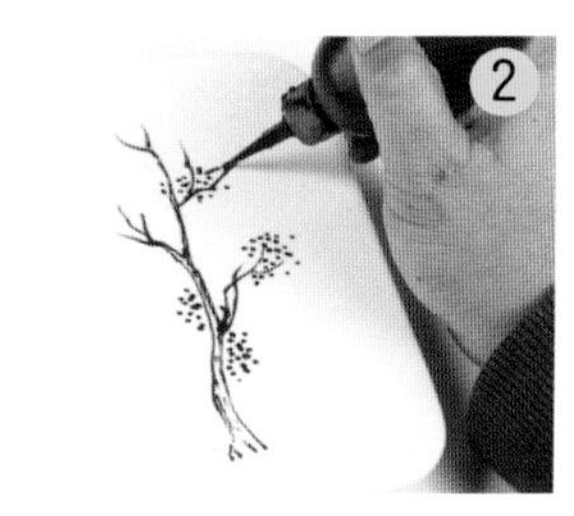

再画出黑色树叶

再画一些绿树叶、黄树叶、蓝树叶等

用手指将各色树叶略压薄压平

完成

2.13　柳树的画法

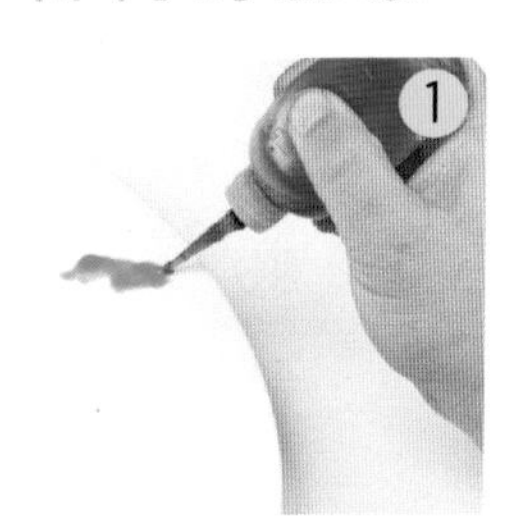

在盘边挤一点绿色果酱

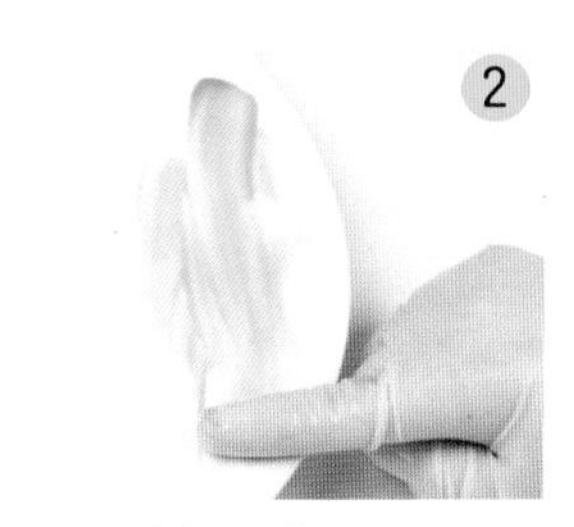

用手指将绿果酱抹平

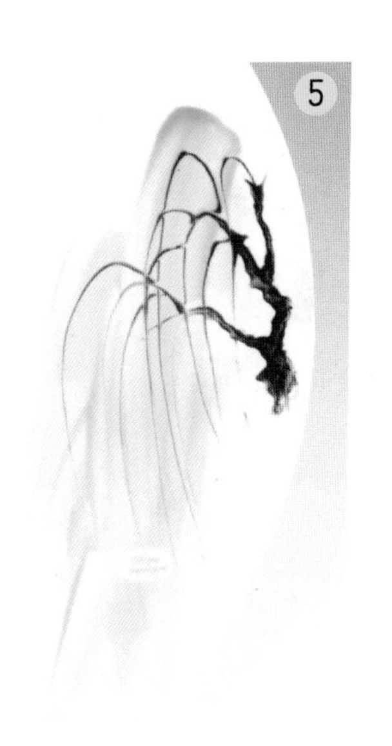

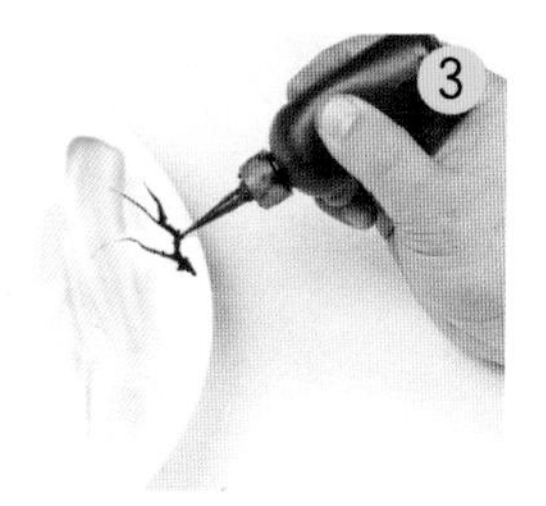

画出树枝

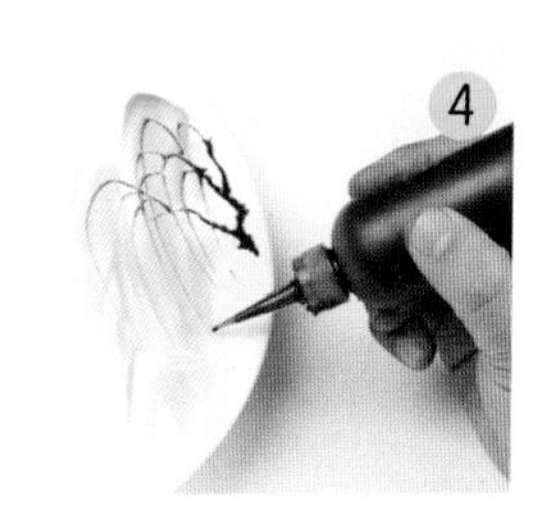

再画出细细的枝条

完成

2.14 松树的画法

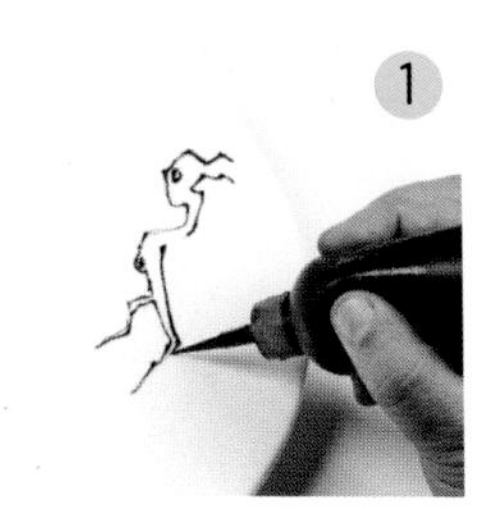

画出松树枝

画出树皮上的花纹

将绿色果酱薄薄地抹在树叶的位置上

画出松针

画点古藤和苔藓即可

2.15 蓝喜鹊的画法

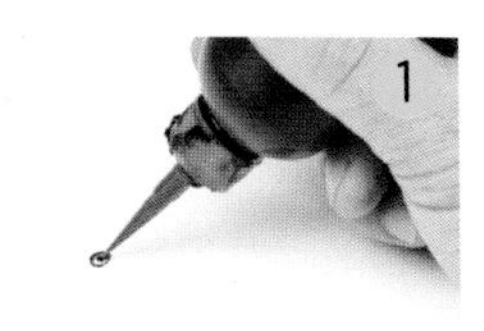

画出眼睛

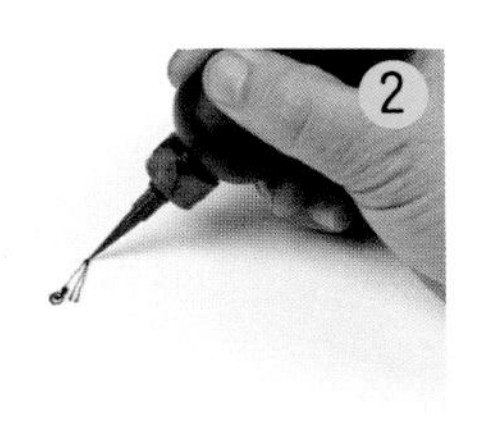

画出鸟嘴

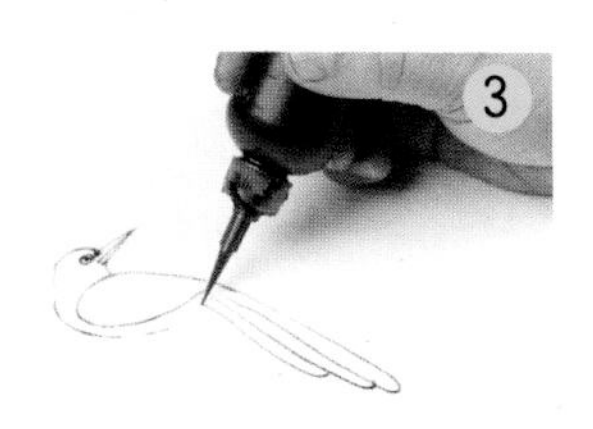

画出鸟的头、身、尾

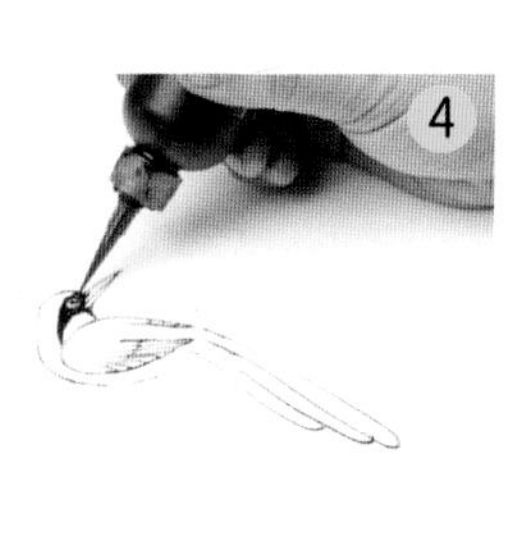

画出眼睛

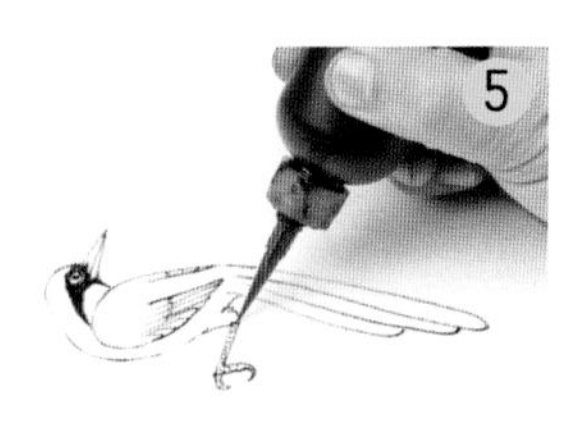

画出腿爪

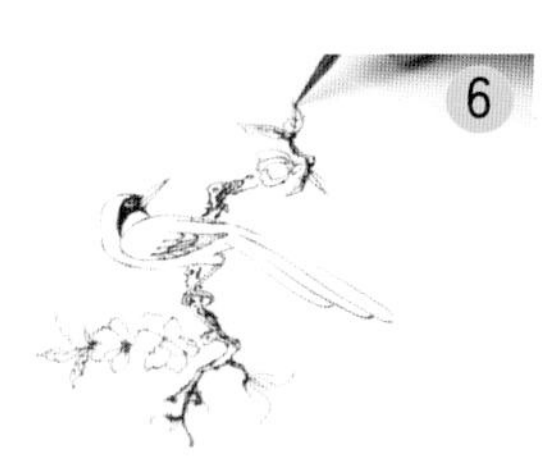

画出树枝树叶

先将头顶涂上蓝色，再用棉签蘸出白色斑点

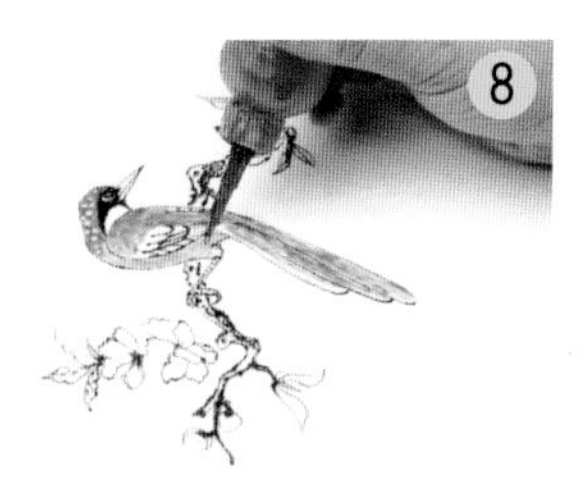

涂上蓝色和黄色

将嘴涂上红色

画出花朵颜色

2.16 山石的画法

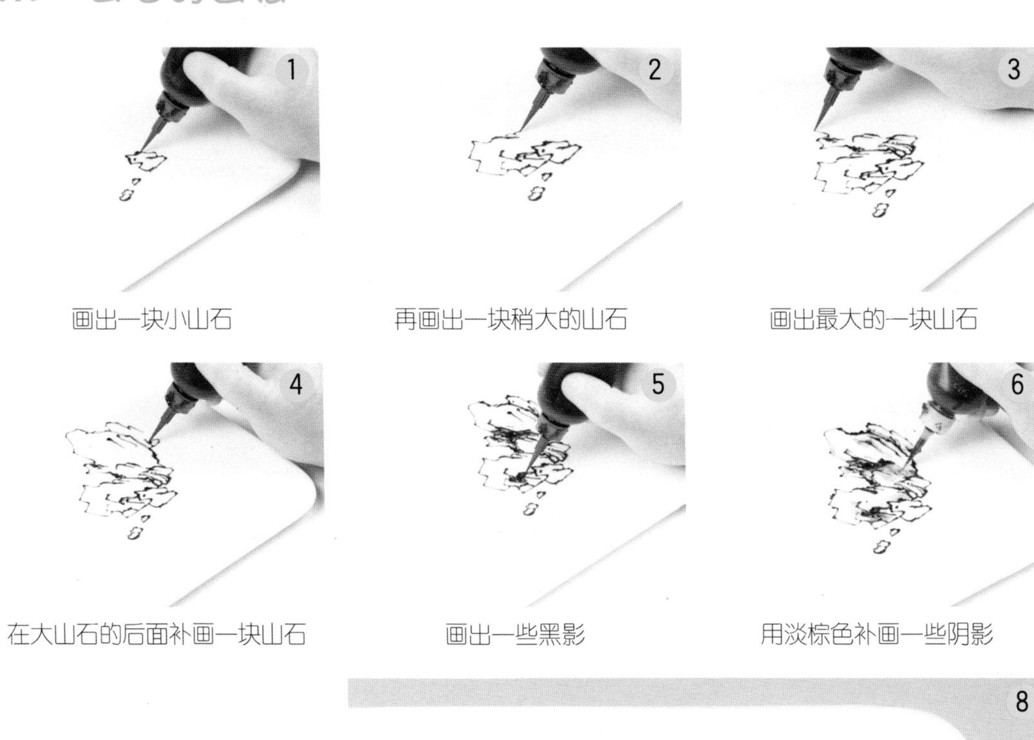

画出一块小山石

再画出一块稍大的山石

画出最大的一块山石

在大山石的后面补画一块山石

画出一些黑影

用淡棕色补画一些阴影

画一些水纹

在水的表面抹一层绿色即可

2.17　山的画法

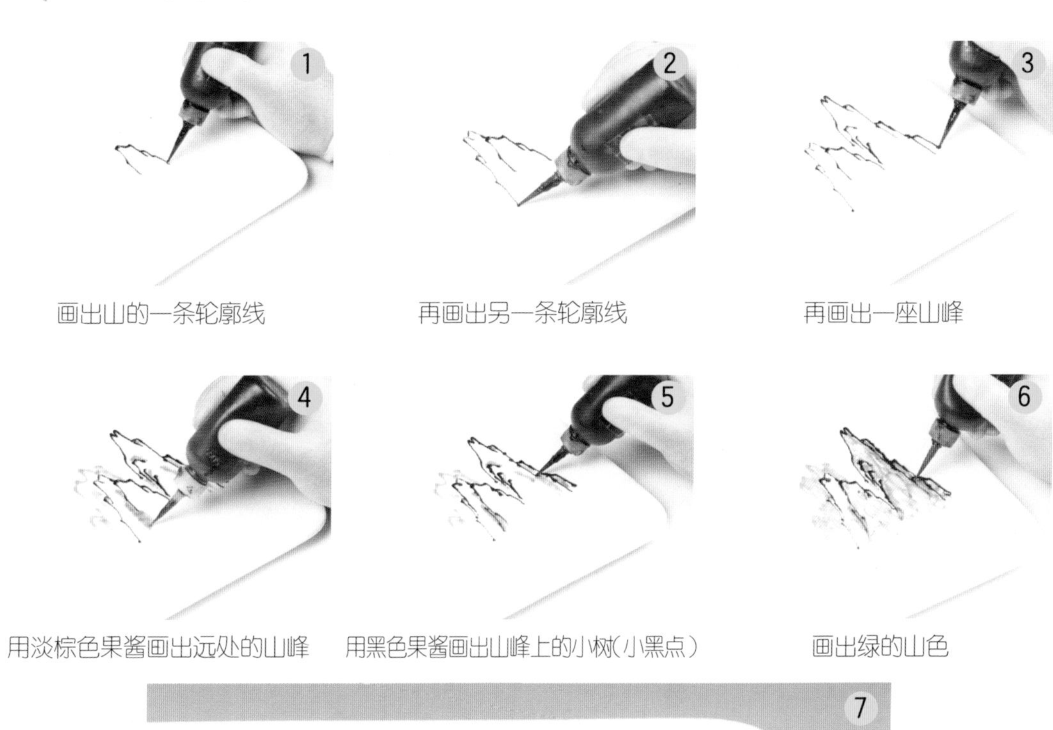

画出山的一条轮廓线

再画出另一条轮廓线

再画出一座山峰

用淡棕色果酱画出远处的山峰

用黑色果酱画出山峰上的小树(小黑点)

画出绿的山色

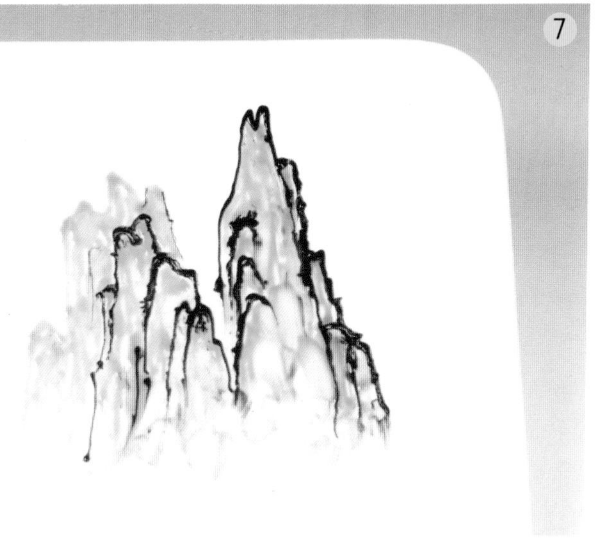

完成

2.18 竹子的画法

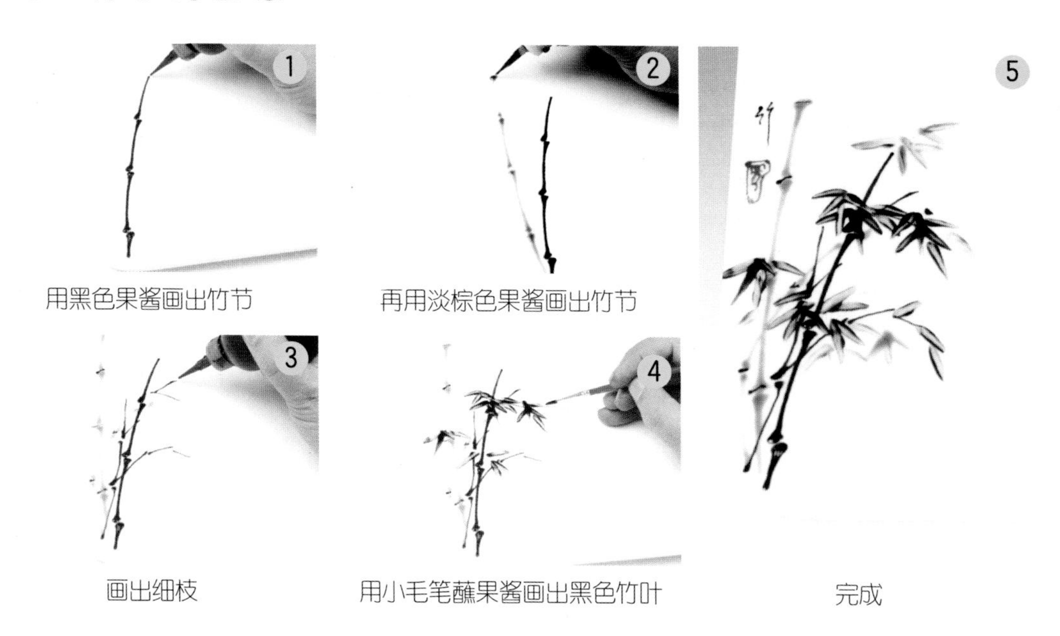

1 用黑色果酱画出竹节

2 再用淡棕色果酱画出竹节

3 画出细枝

4 用小毛笔蘸果酱画出黑色竹叶

5 完成

2.19 金鱼的画法

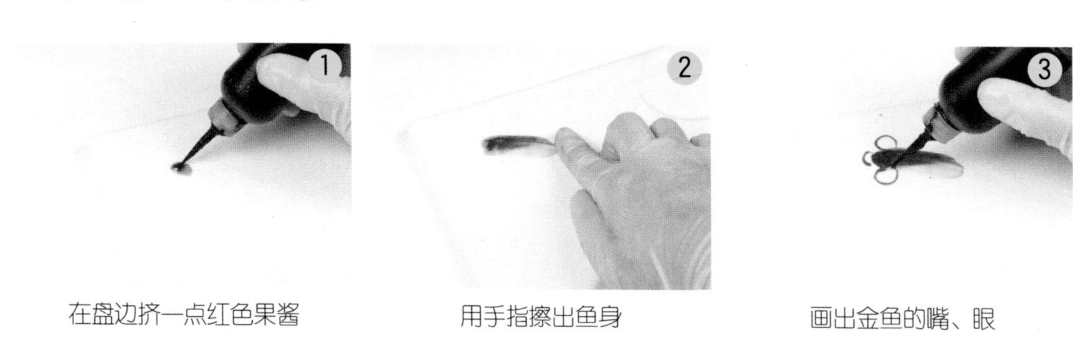

1 在盘边挤一点红色果酱

2 用手指擦出鱼身

3 画出金鱼的嘴、眼

再画出金鱼的腹部

画出背鳍、腹鳍和鳞

画出尾部

用手指擦出渐变的效果

用同样方法画出另外的鱼尾

用黑果酱画出鱼眼和鱼嘴

画出水草即可

2.20 虾的画法

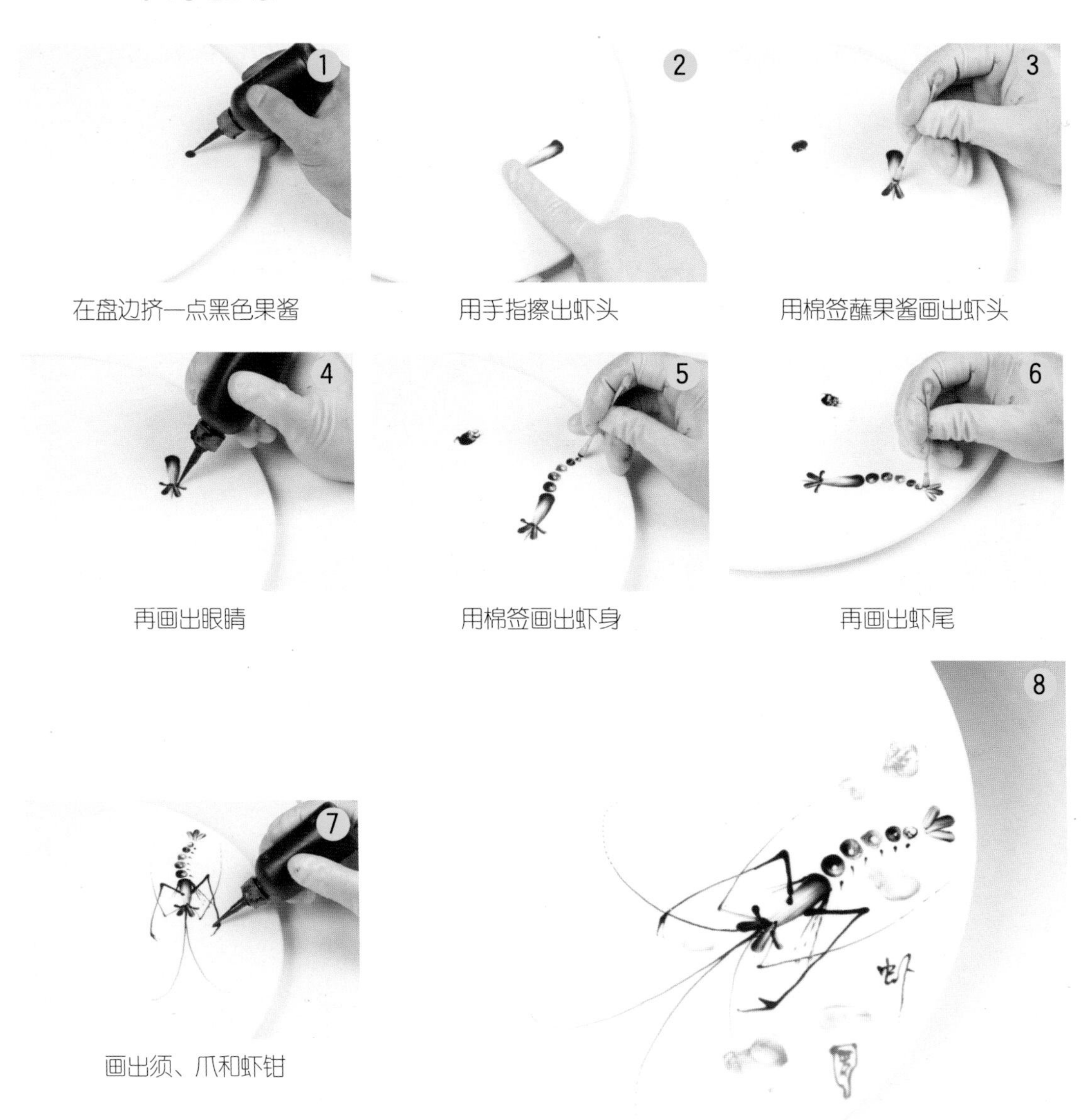

1 在盘边挤一点黑色果酱

2 用手指擦出虾头

3 用棉签蘸果酱画出虾头

4 再画出眼睛

5 用棉签画出虾身

6 再画出虾尾

7 画出须、爪和虾钳

8 用手指擦出水痕即可

2.21　鲤鱼的画法

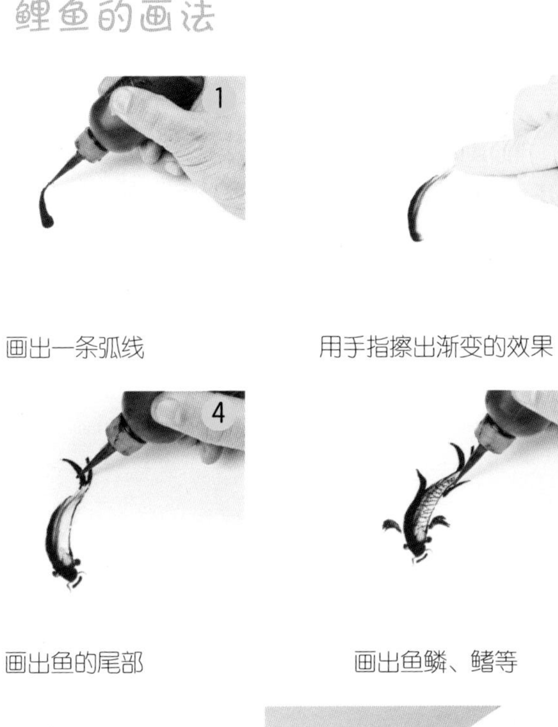

画出一条弧线

用手指擦出渐变的效果

画出鱼的头部

画出鱼的尾部

画出鱼鳞、鳍等

用同样方法画出另一条鲤鱼

画出尾、鳞、鳍等

8

画出水草即可

2.22 螃蟹的画法

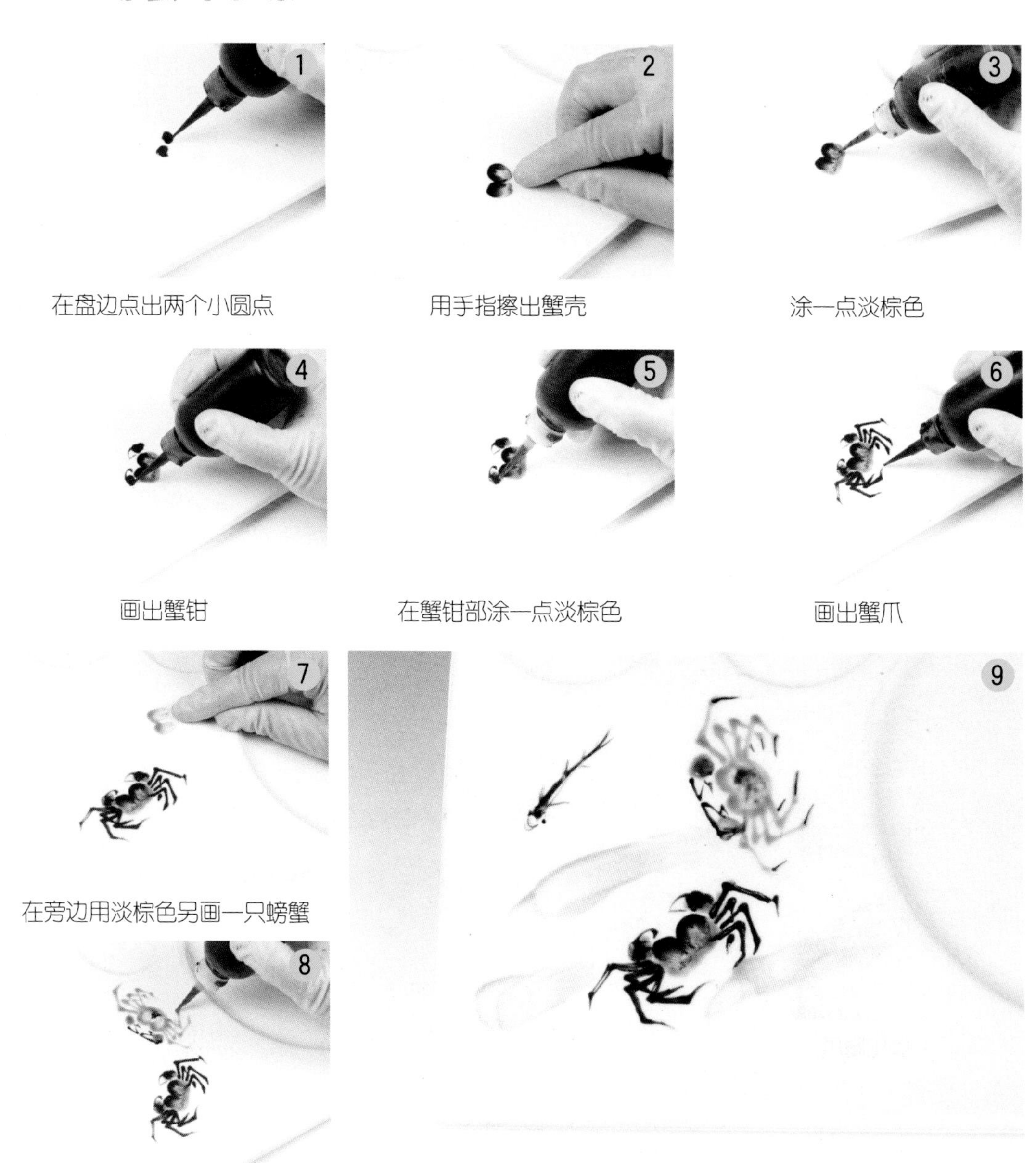

在盘边点出两个小圆点

用手指擦出蟹壳

涂一点淡棕色

画出蟹钳

在蟹钳部涂一点淡棕色

画出蟹爪

在旁边用淡棕色另画一只螃蟹

画出蟹钳、蟹爪

再画一条小鱼和绿水即可

2.23　公鸡的画法

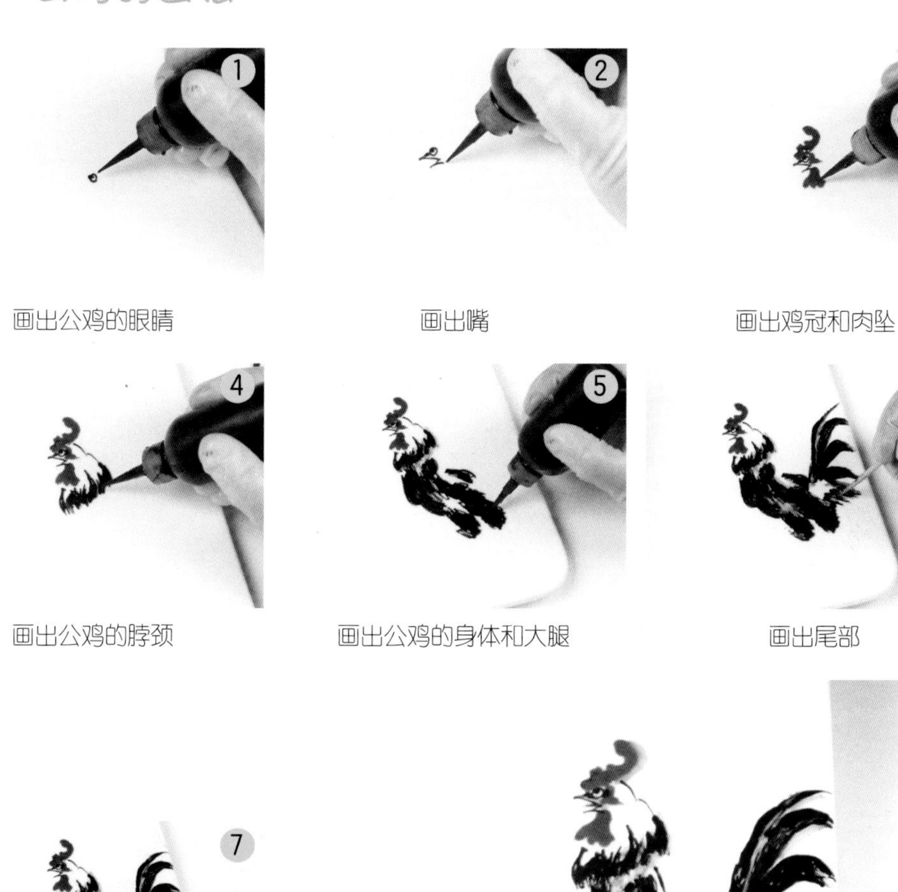

画出公鸡的眼睛

画出嘴

画出鸡冠和肉坠

画出公鸡的脖颈

画出公鸡的身体和大腿

画出尾部

画出腿爪

给腿爪涂上颜色即可

2.24 玫瑰的画法

在盘边挤出一块深红色的果酱

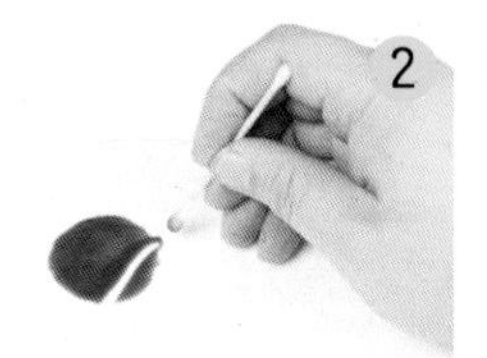

用棉签擦出一片玫瑰花瓣

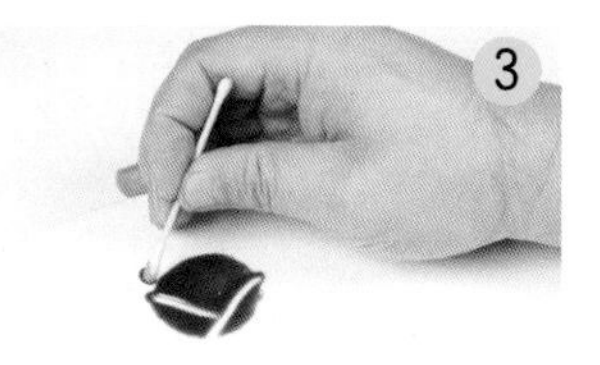

再擦出另一片玫瑰花瓣

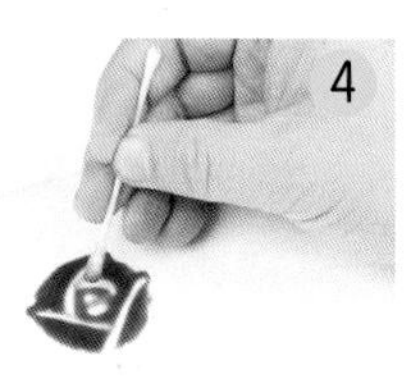

擦出花心

画出花茎和英文

画出两片叶子

涂少许颜色

完成

2.25　翠鸟的画法

画出眼睛

画出鸟嘴

画出鸟的头部

画出鸟类的后背

用黑色画出翅膀的尖部

用黄色画出腹部

画出鸟爪

画出树枝

再画出两片树叶即可

2.26 红鸟的画法

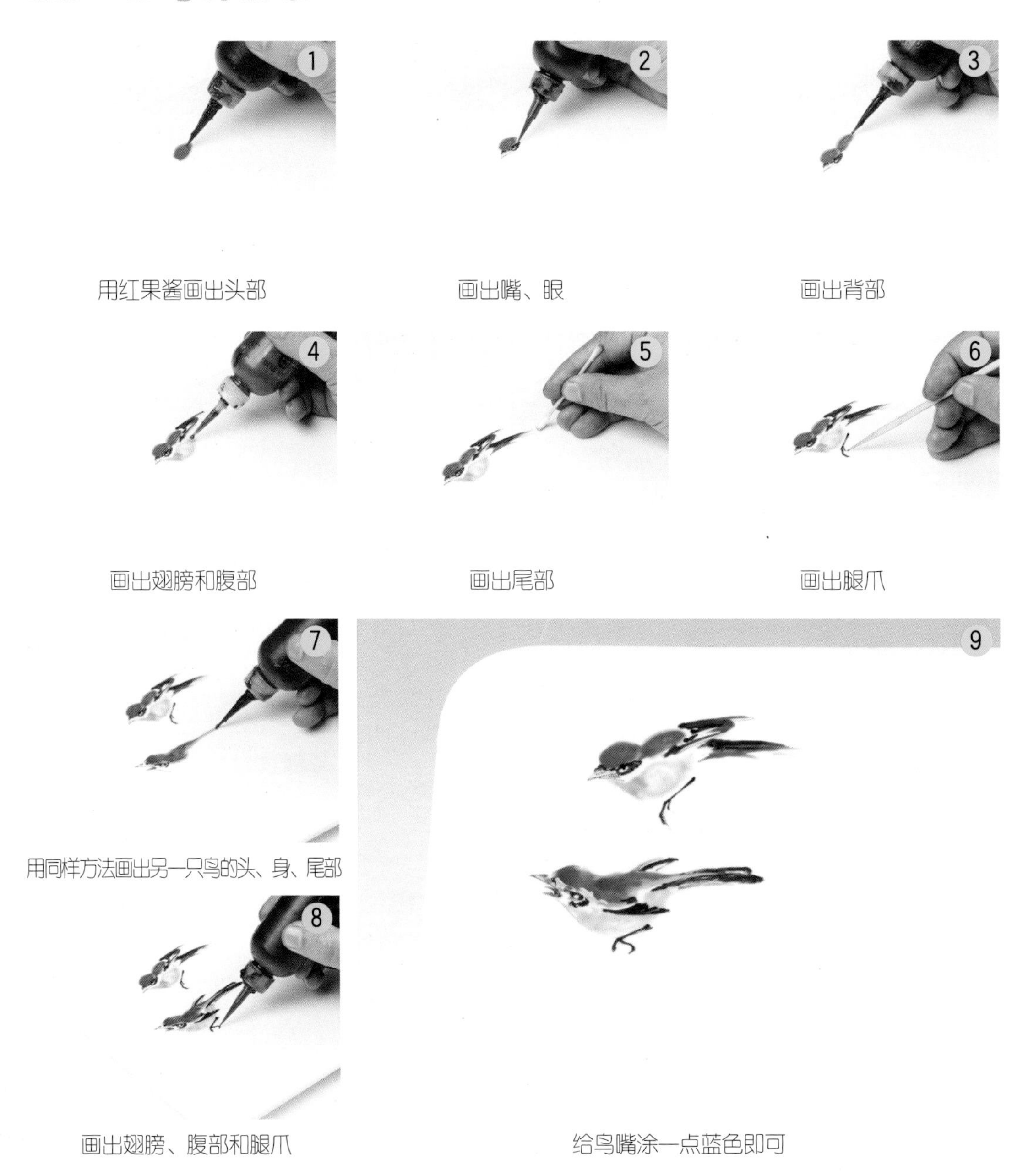

用红果酱画出头部

画出嘴、眼

画出背部

画出翅膀和腹部

画出尾部

画出腿爪

用同样方法画出另一只鸟的头、身、尾部

画出翅膀、腹部和腿爪

给鸟嘴涂一点蓝色即可

2.27　马的画法 1

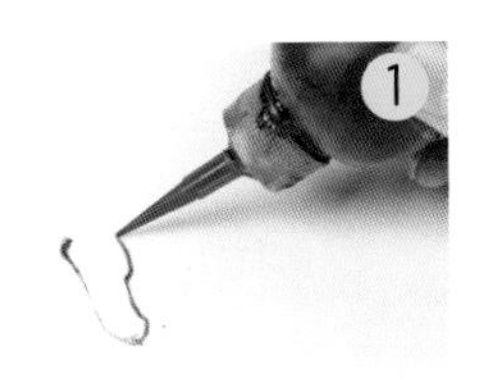

画出鞋底形的马头

将马头的侧面画成黑色

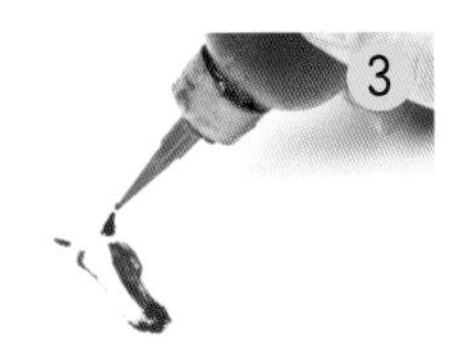

画出双耳

画出脖颈

用手指擦出脖颈部的渐变色

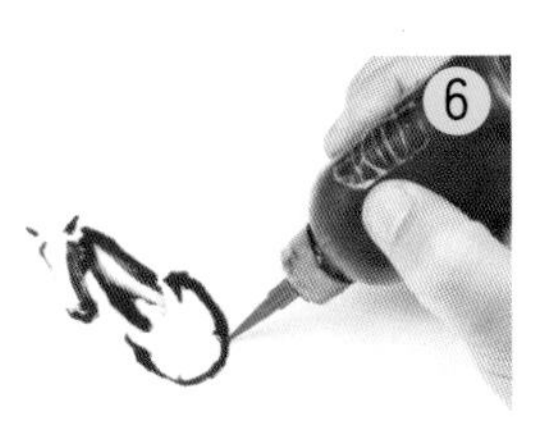

画出胸廓

画出胸部肌肉

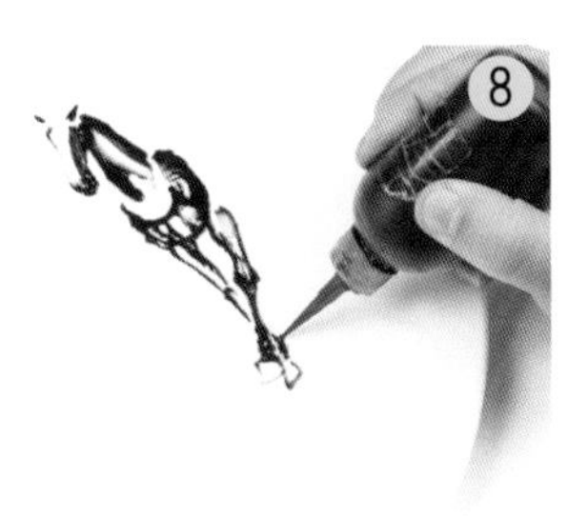

画出两条前腿

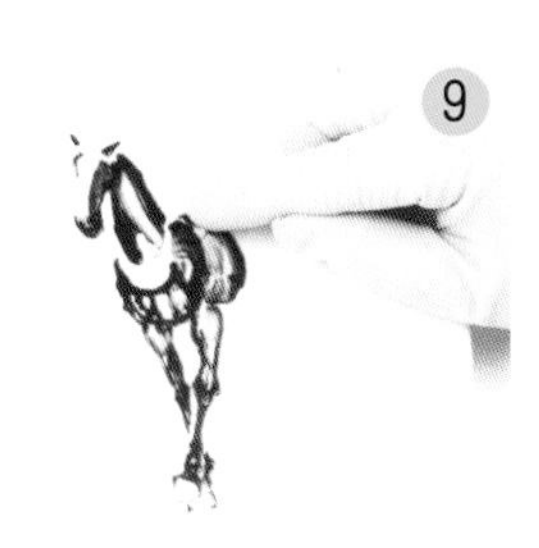

画出腹部，并用手指擦出渐变色

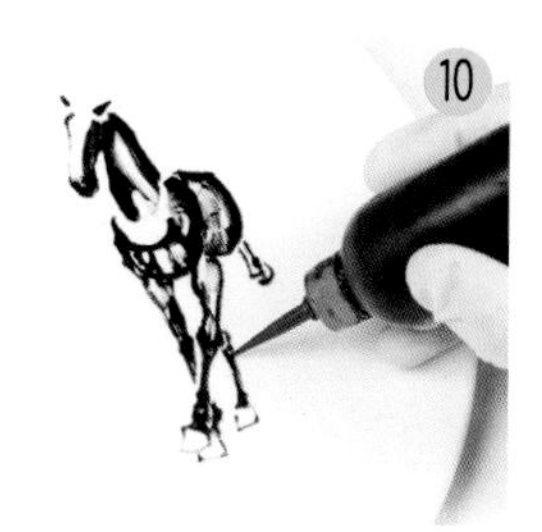

画出两条后腿

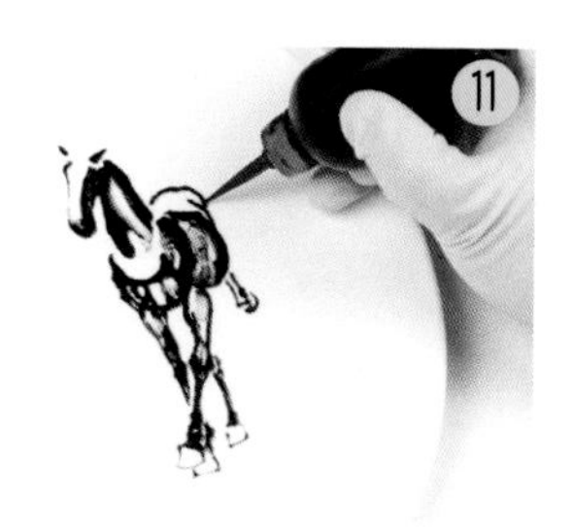

画出马的臀部

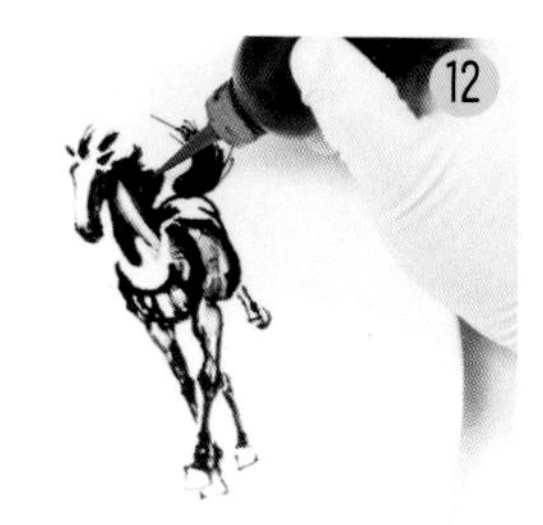

画出马尾和马鬃

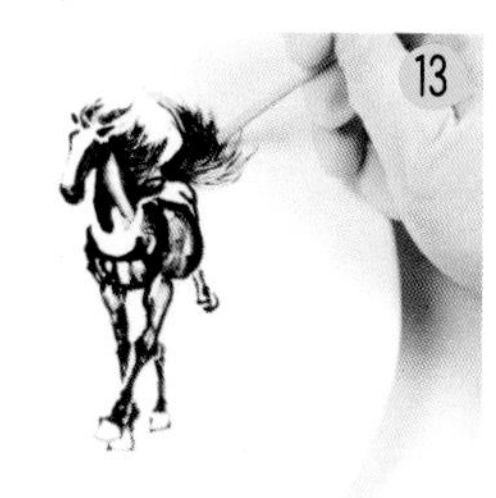

用竹签划出马尾和马鬃的纹理

用手指擦出绿草地即可

2.28　马的画法 2

画出马头

画出脖颈、腹部和前腿

画出臀部和后腿

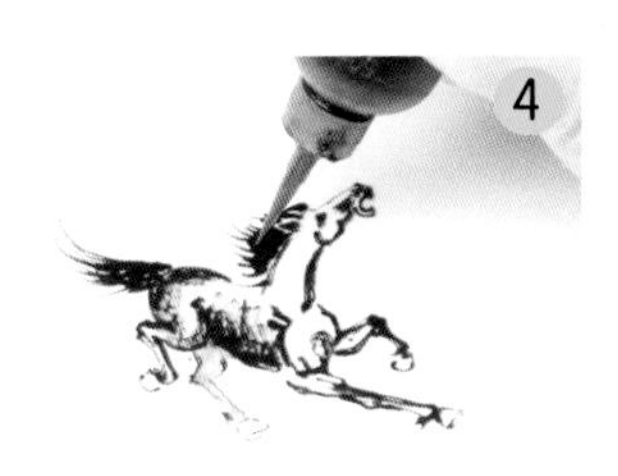

画出马鬃和马尾

用竹签划出马鬃和马尾的纹理

完成

2.29 荷花的画法

用手指蘸绿果酱画出荷叶

画出叶子的筋络

先画几片荷花瓣，再画出荷花心

画出另外几片花瓣

画几朵花蕾

在花瓣的顶部挤一点红果酱

用竹签挑出渐变的荷花瓣

画出花心

完成

2.30　龙的画法

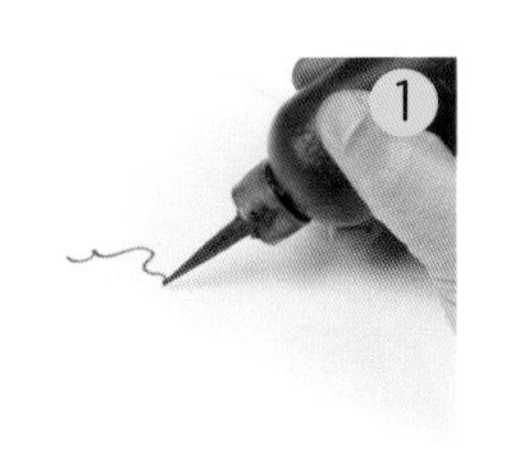

画出龙嘴曲线

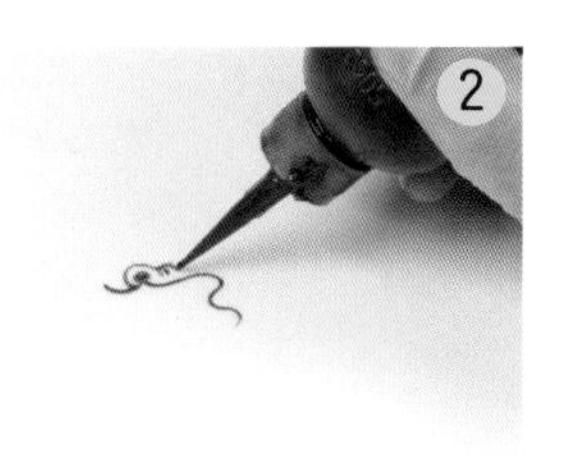

画出鼻前部

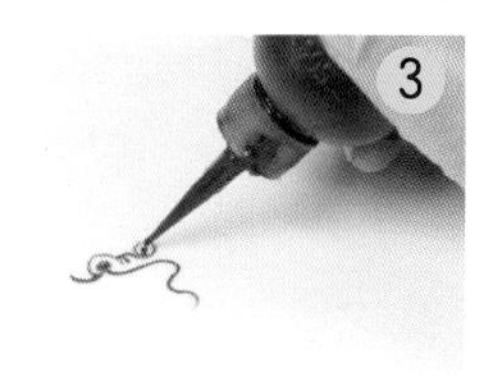

画出龙眼

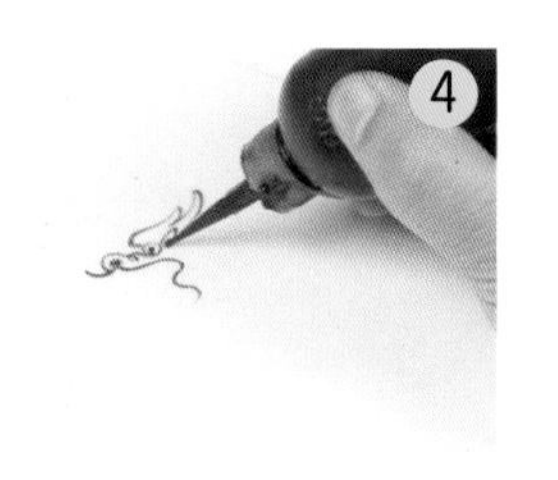

画出龙角和龙耳

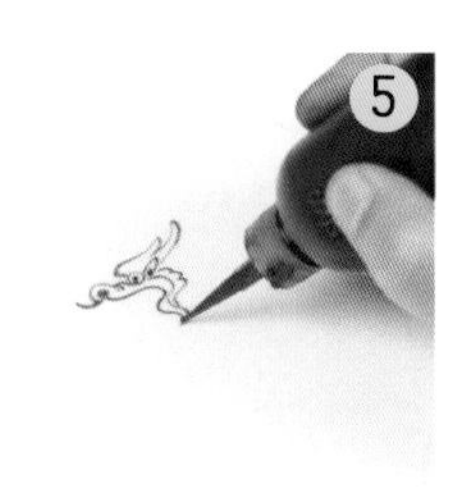

画出龙脸

画出舌、牙和须

画出鬃毛

用竹签划出鬃毛纹理

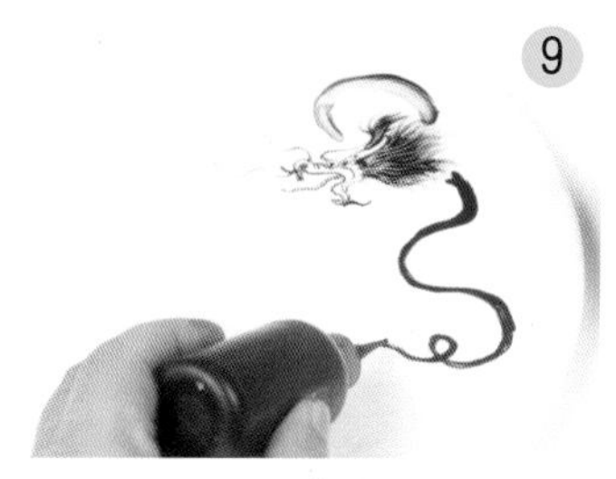

画出龙身

用手指擦出龙身

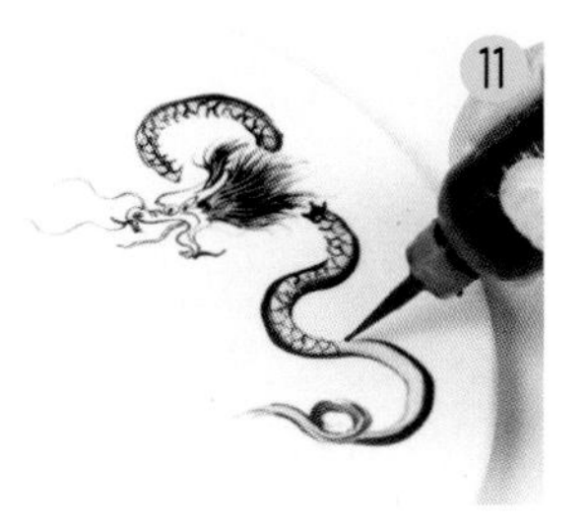

画出龙鳞

画出龙尾、龙鳍和龙爪

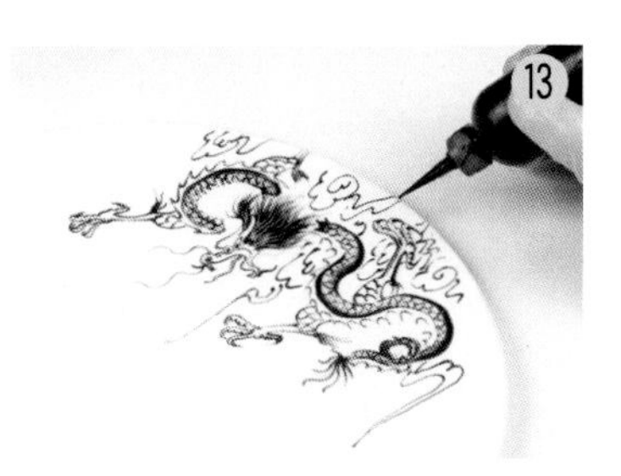

画出云彩

涂上颜色即可

第三章

果酱画
图片实例

3.1 装饰

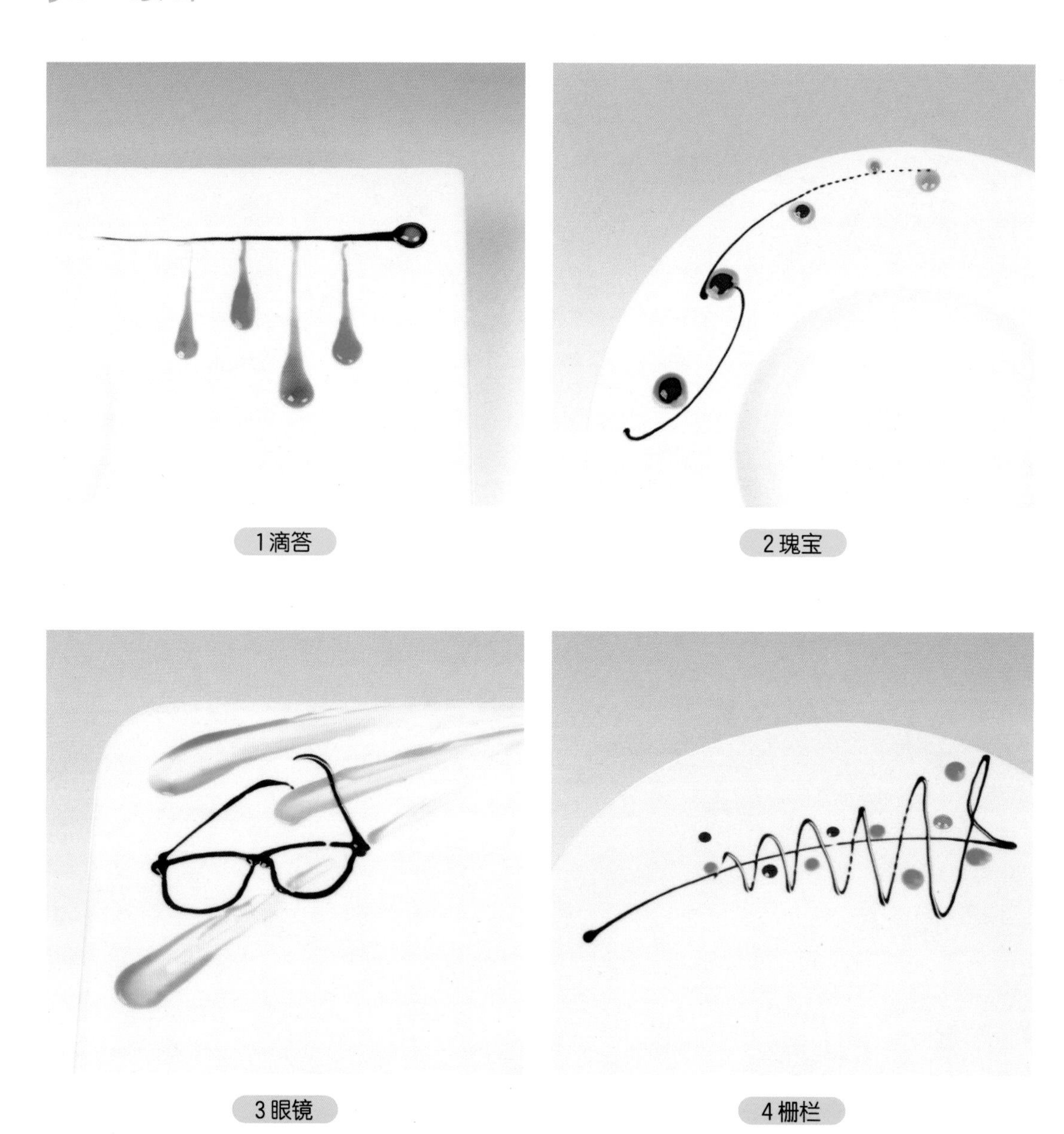

1 滴答

2 瑰宝

3 眼镜

4 栅栏

5 漫舞

6 枝头

7 如意花

8 椰树

9 红果

12 黑天鹅

13 红樱桃

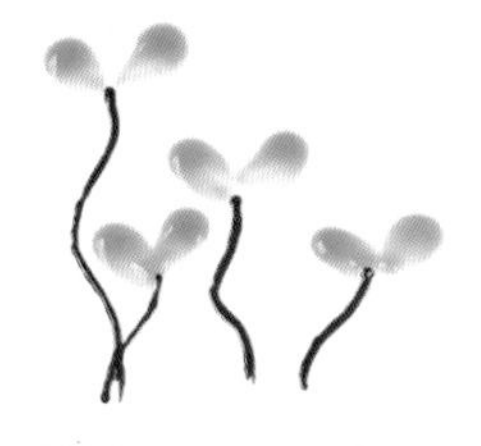

14 苗苗

15 深秋

16 心中的笔

17 红叶

18 共舞

19 银杏叶

20 知足(蜘蛛)

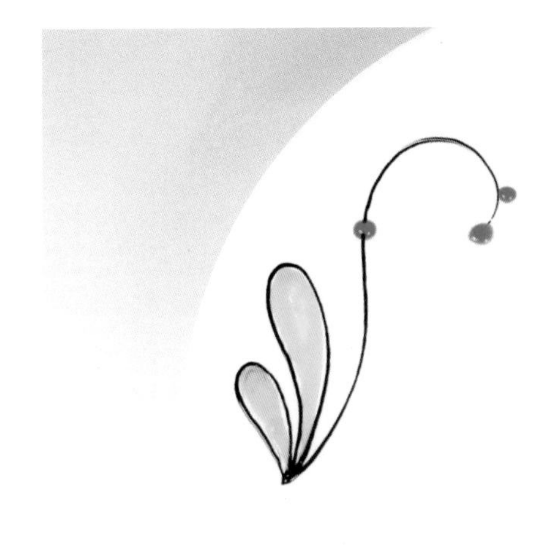

21 曲线

22 蓝颜

23 双色菊

24 登高

25 小猫

26 玫瑰

27 小景

28 梦蝶

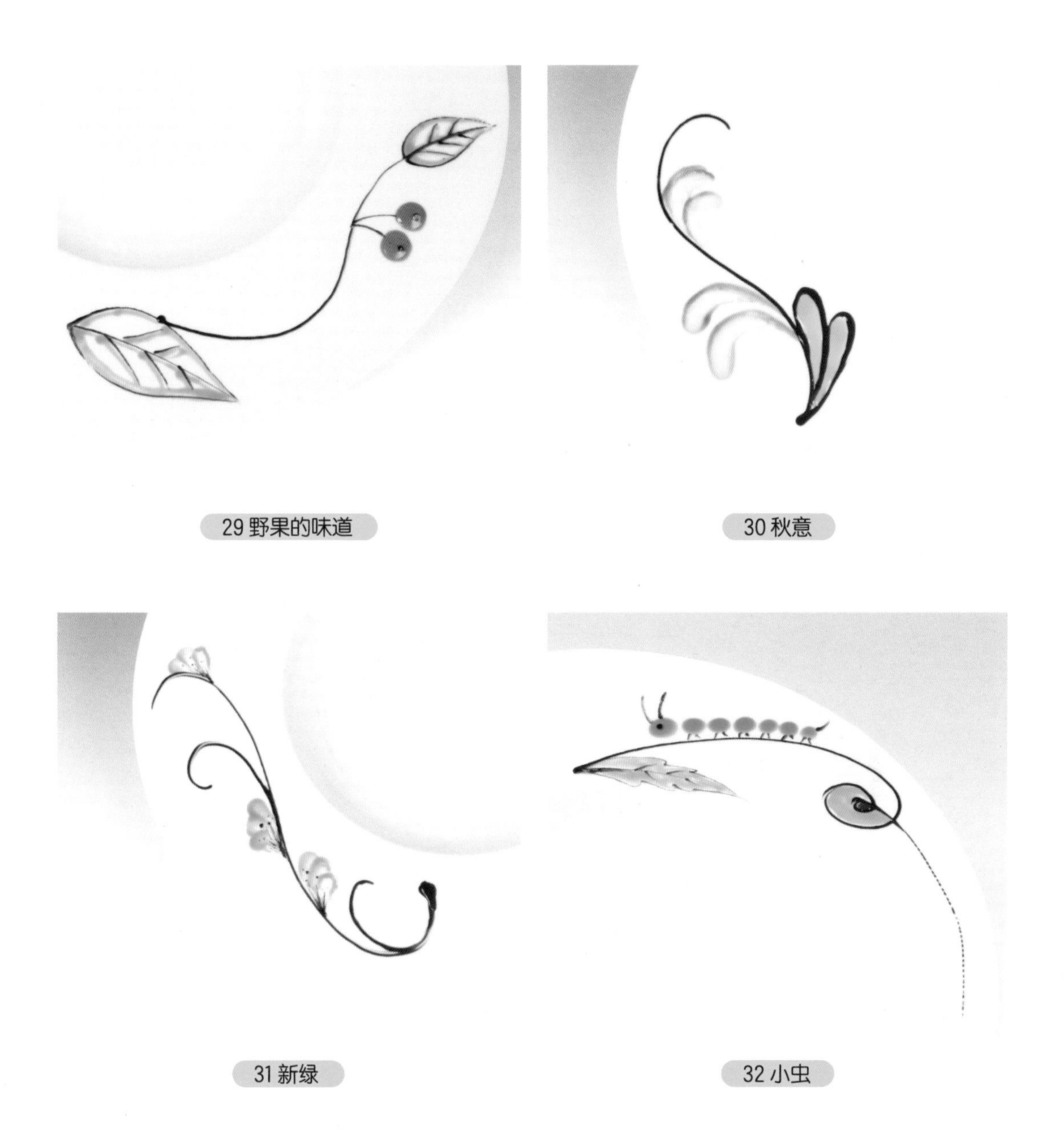

29 野果的味道

30 秋意

31 新绿

32 小虫

33 我要自由

34 飘舞

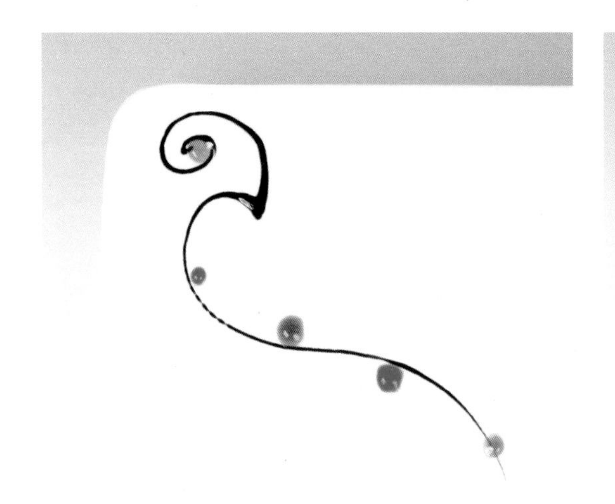

35 流连

36 嫩芽

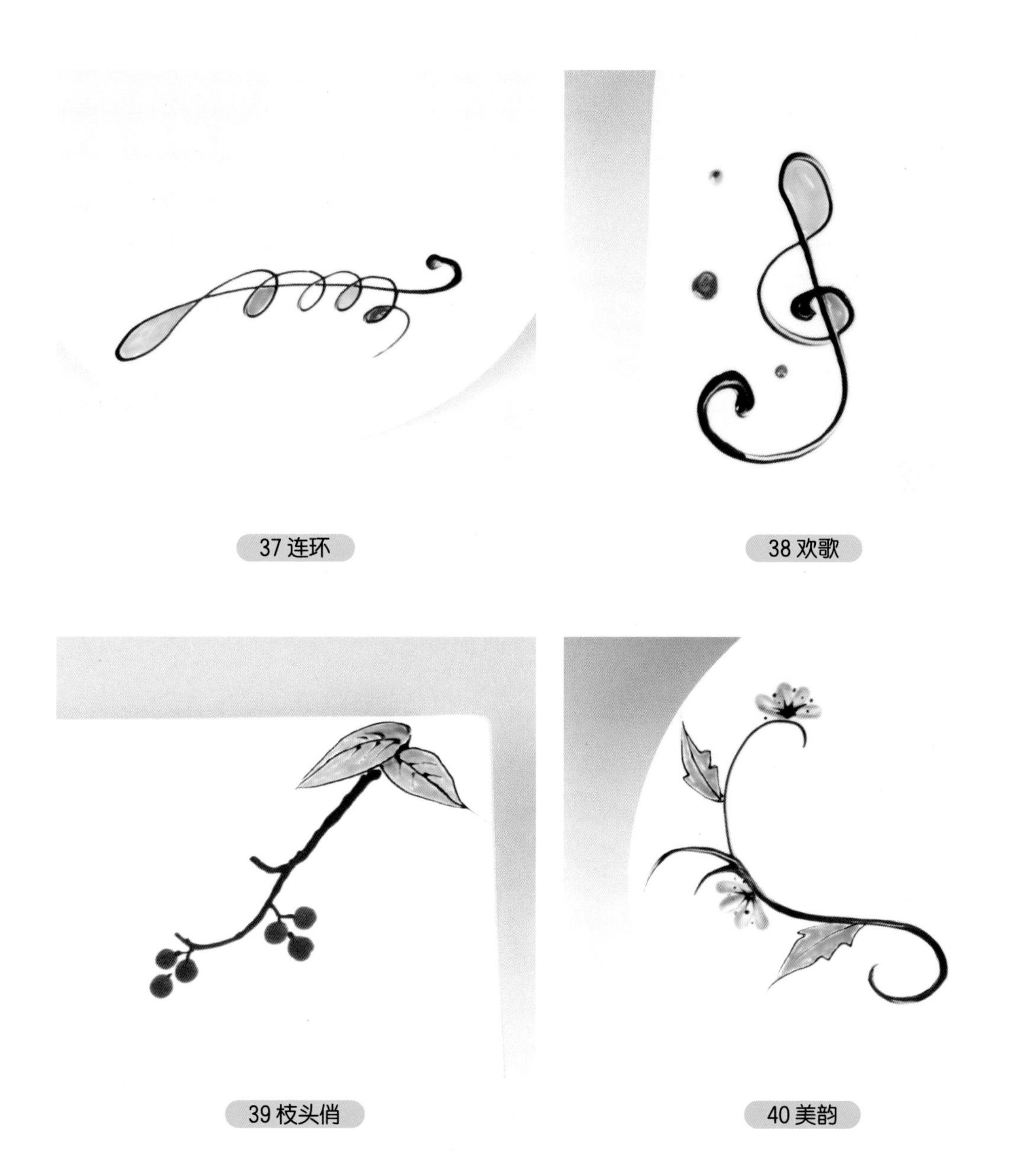

37 连环

38 欢歌

39 枝头俏

40 美韵

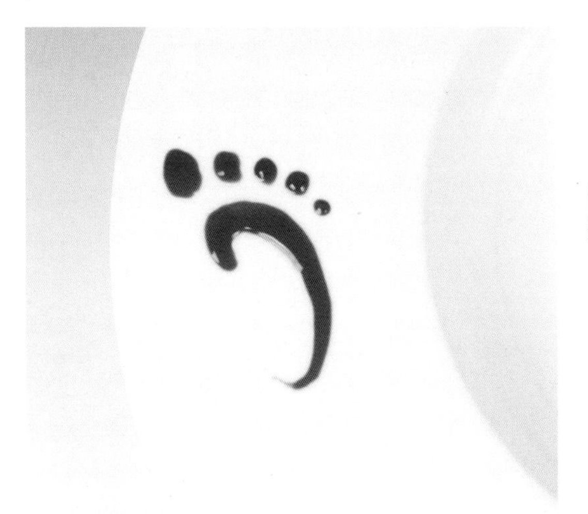

41 第一步

42 有序

43 姊妹花

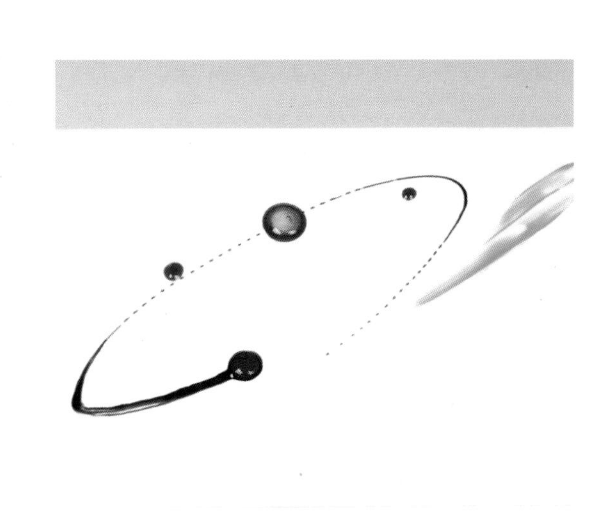

44 轨迹

45 菊香

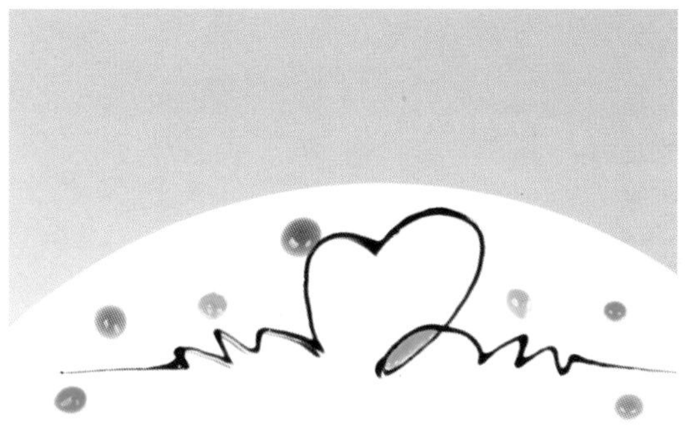

46 来电的感觉

47 灯笼花

48 秋影

49 花蕊

50 随缘

51 风中

52 璀璨

53 新麦

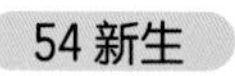

54 新生

55 溢香

56 梅开二度

57 知己

58 回转

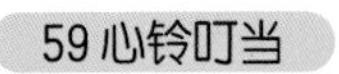

59 心铃叮当

60 向阳花开

61 爱的密码

62 绿色脚印

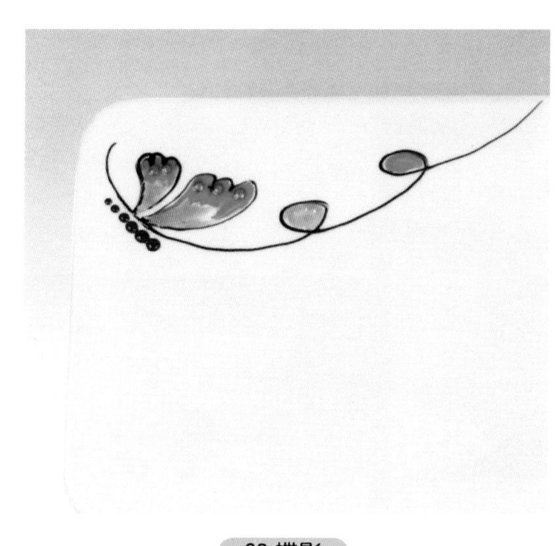

63 蝶影

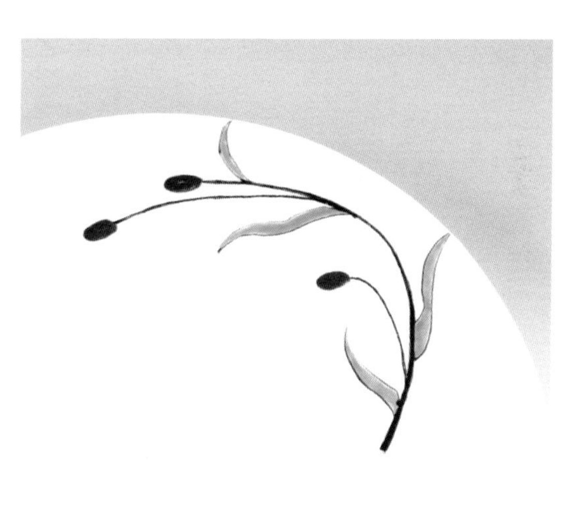

64 成熟

65 成长

66 心灵钥匙

67 幸福 100 分

68 礼物

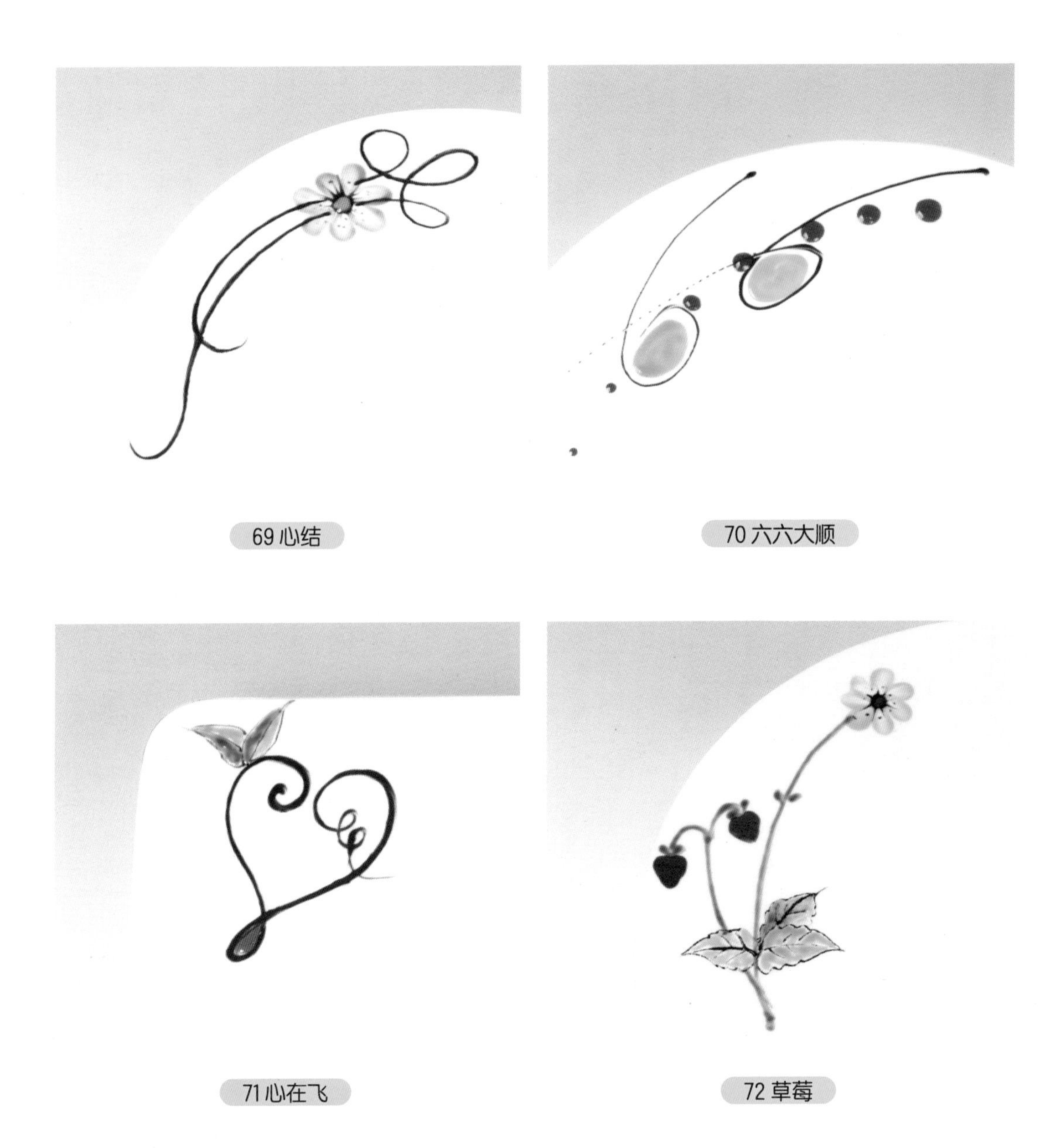

69 心结

70 六六大顺

71 心在飞

72 草莓

73 蝴蝶结

74 忆香

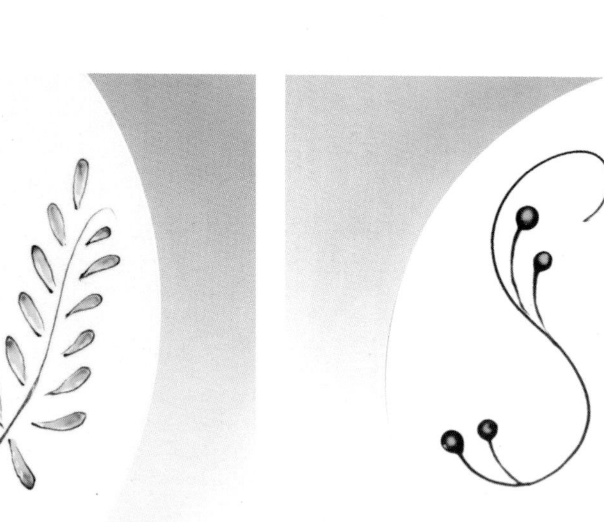

75 枯叶

76 珠儿

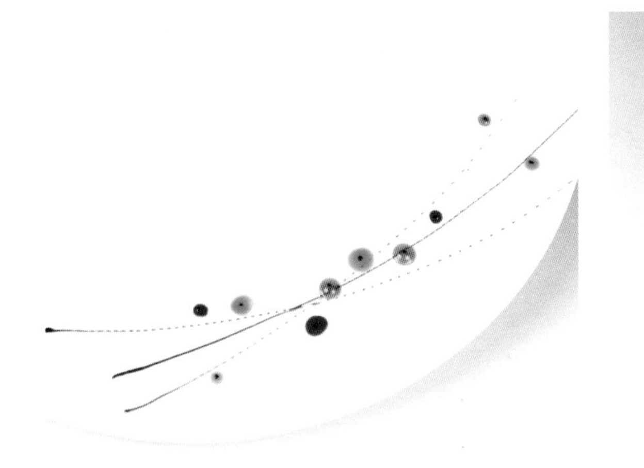

77 星光灿烂

78 春笋

79 人参

80 一枝独秀

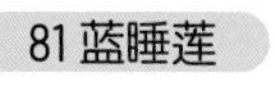

81 蓝睡莲

82 三叶

83 凤尾草

84 流水

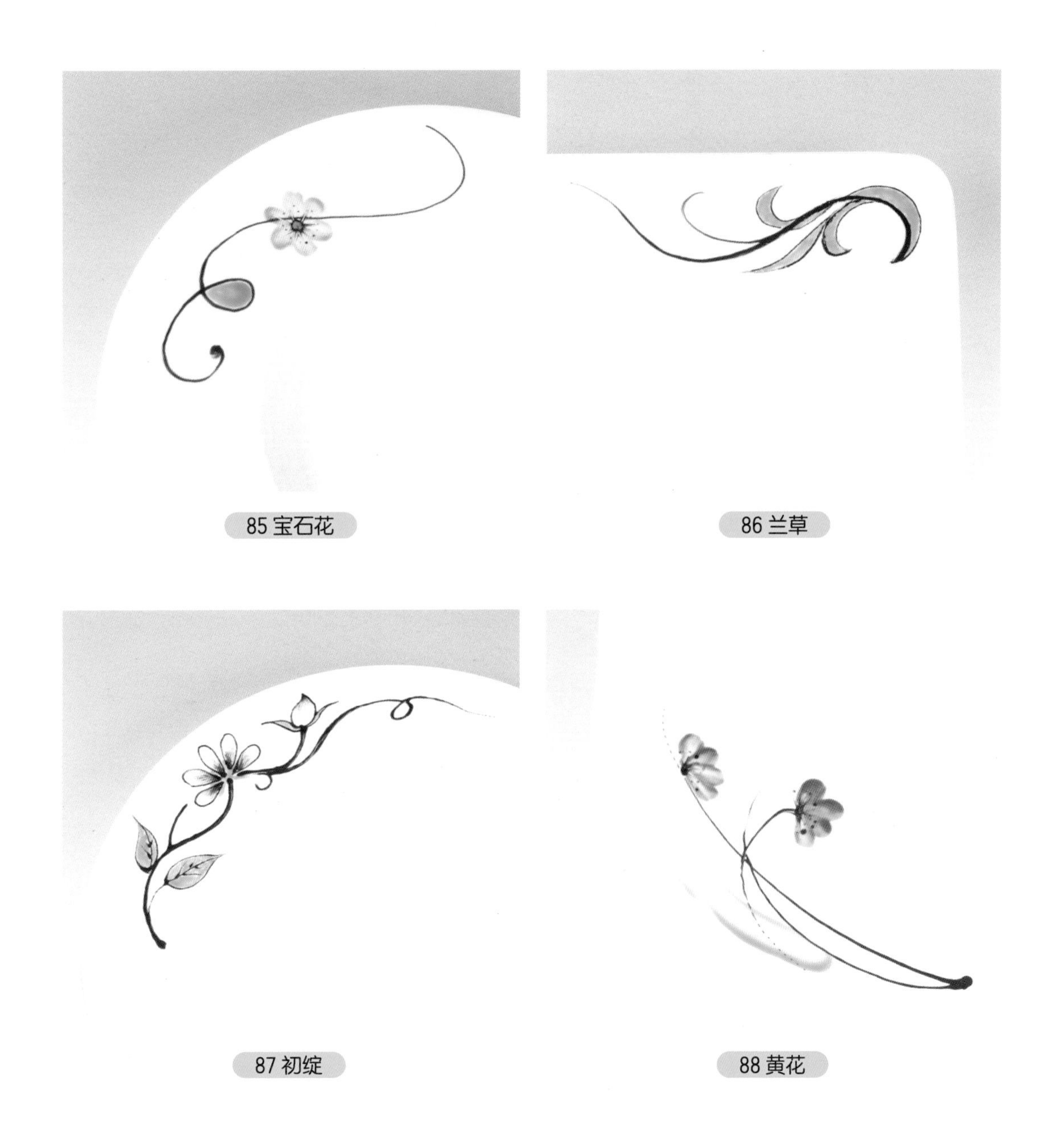

85 宝石花

86 兰草

87 初绽

88 黄花

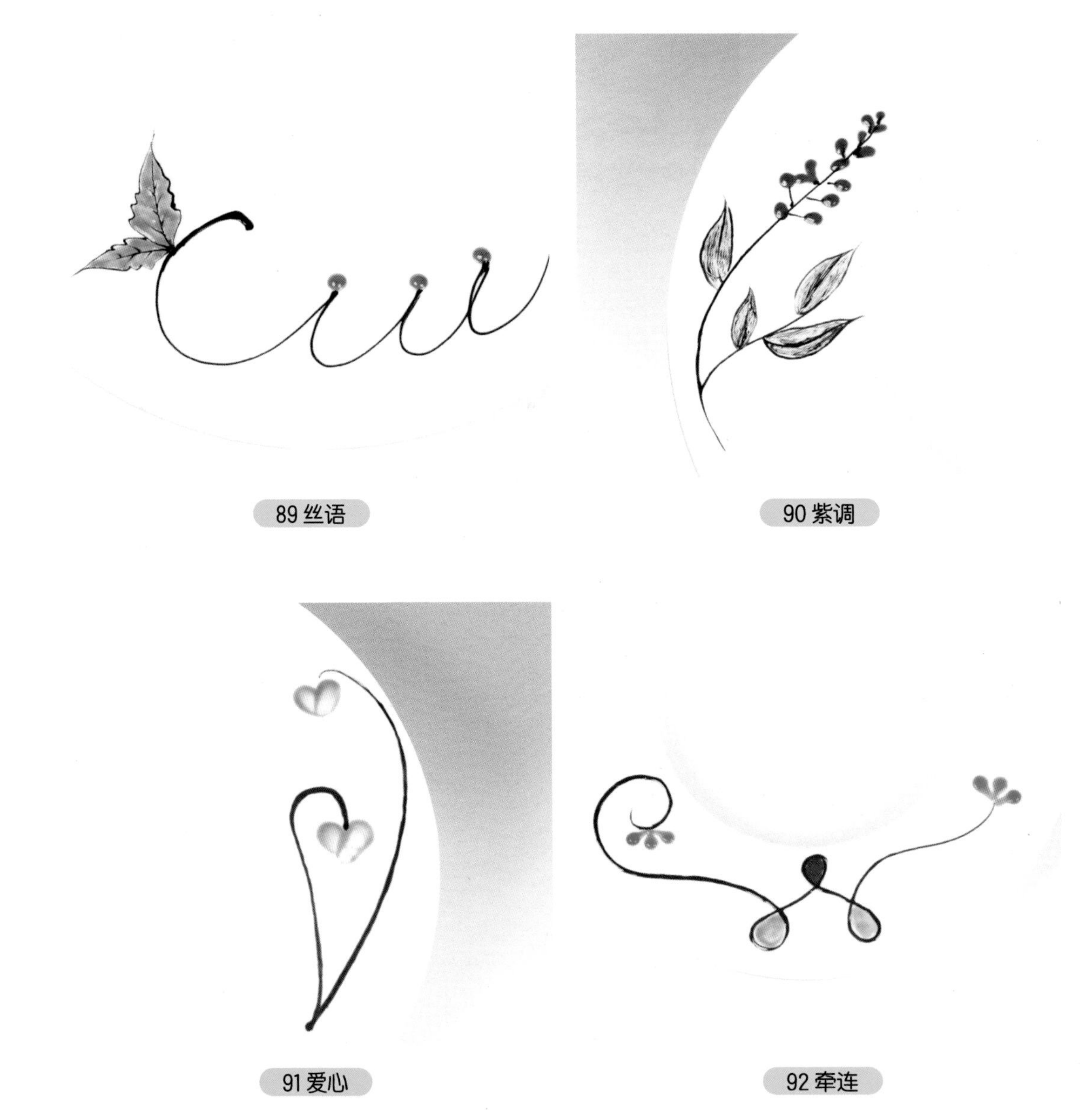

89 丝语

90 紫调

91 爱心

92 牵连

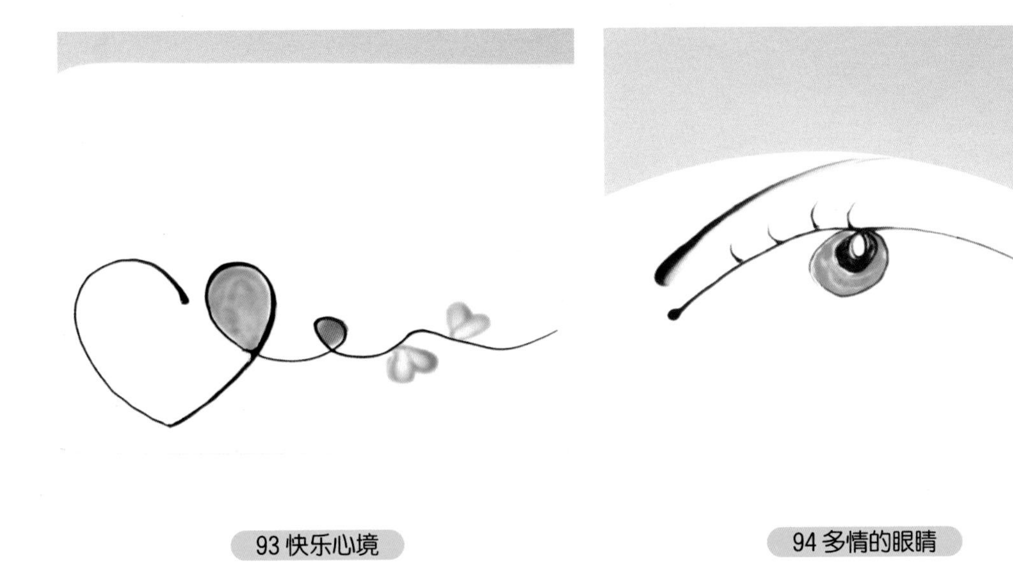

93 快乐心境

94 多情的眼睛

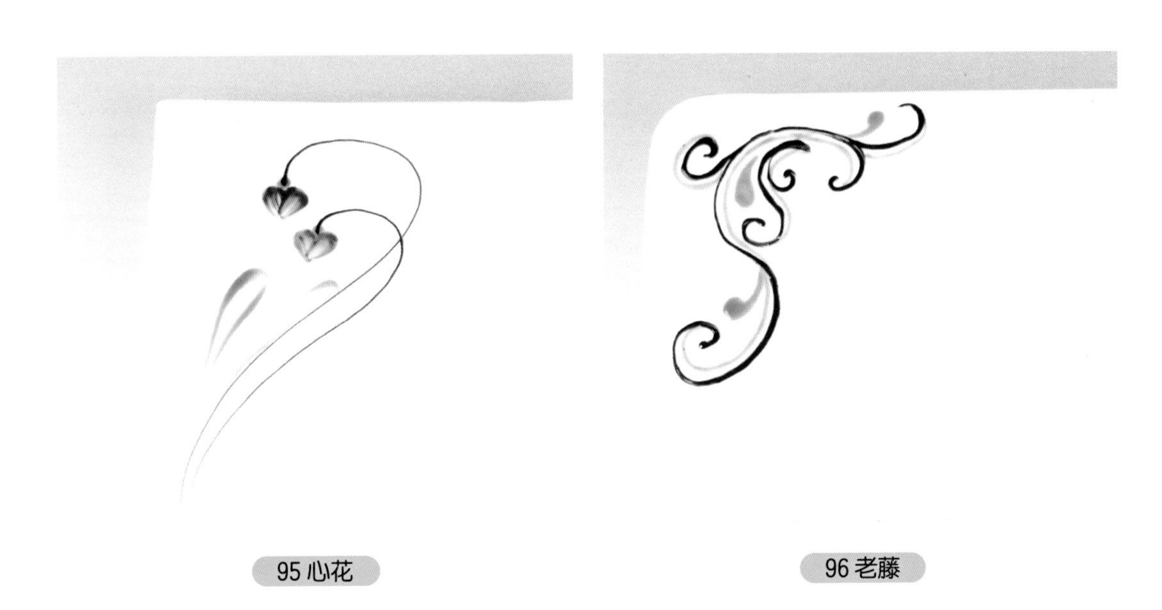

95 心花

96 老藤

97 秋果

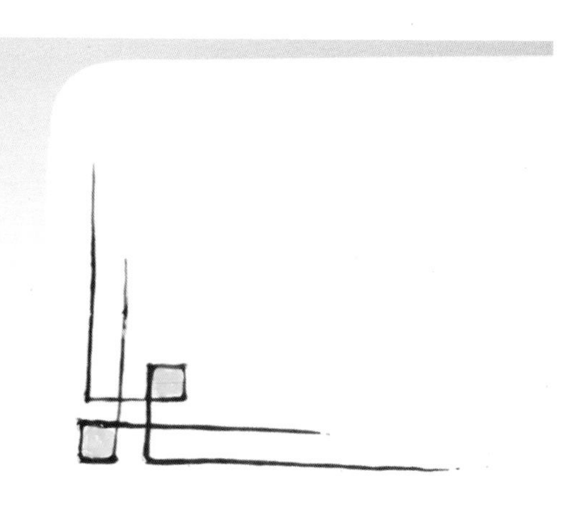

98 中国风

99 好心情

100 云腾

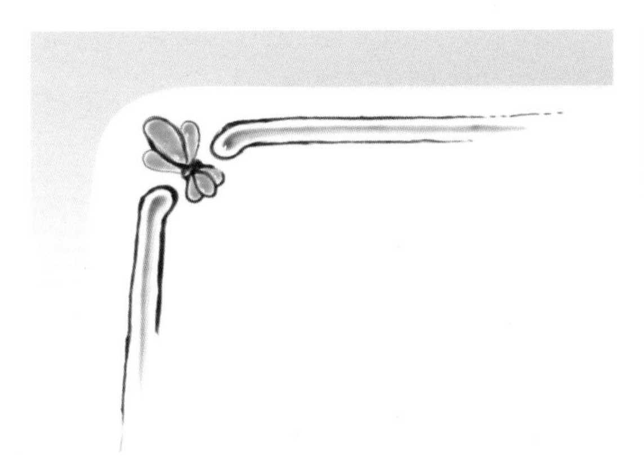

101 框

102 窗外

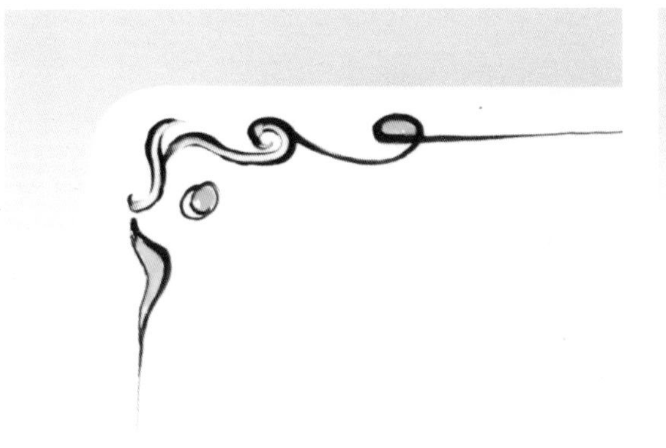

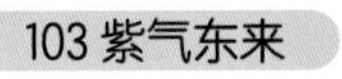

103 紫气东来

104 双色风

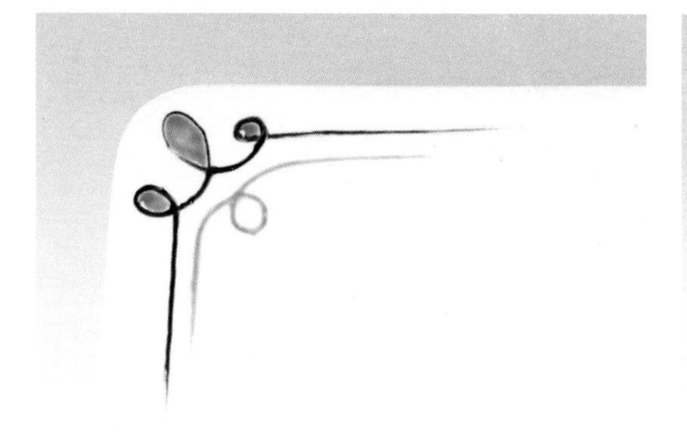

105 角

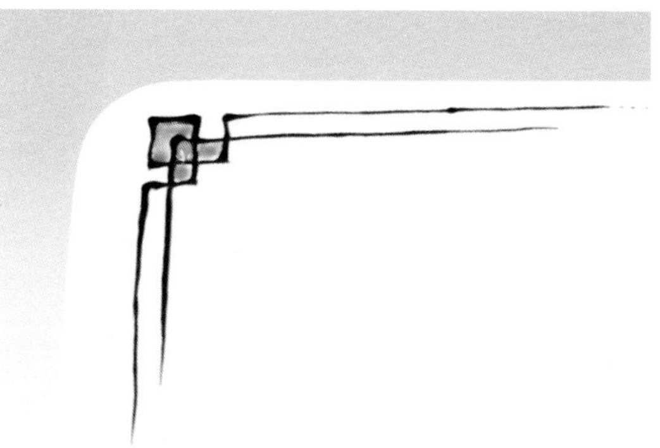

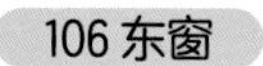

106 东窗

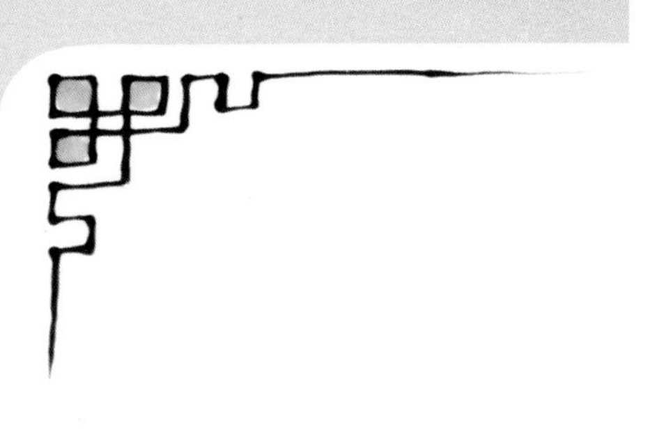

107 品格

108 富贵

109 小寒时节

110 突破

111 击

112 对红

113 柔情

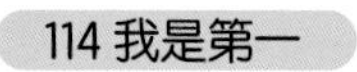

114 我是第一

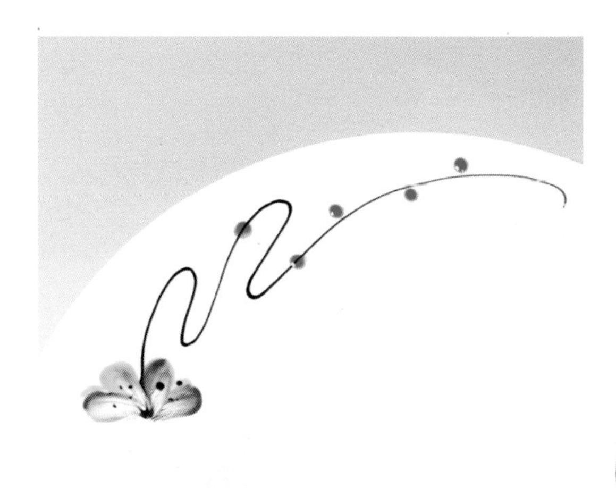

115 飘絮

116 淡香

117 冲浪

118 暮归

119 半菊

120 心事

121 老井与红铅笔

122 彩色雨

123 争妍

124 龙魂

3.2　卡通图案

125 可爱牛牛

126 蜡笔小新

127 麦兜猪

128 小黄牛

129 偷窥

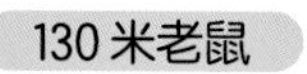

130 米老鼠

131 雪景

132 天空之城

133 海绵宝宝

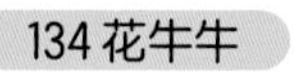

134 花牛牛

135 灰太狼

136 机器猫

3.3 书法

137 平安是福

138 金玉满堂

139 万寿松

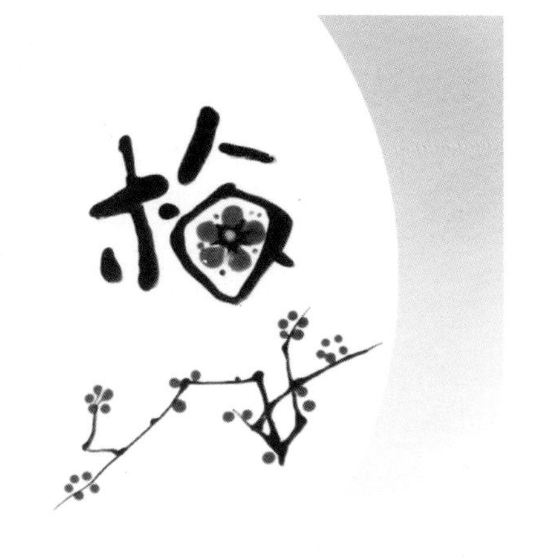

140 梅香

141 春天

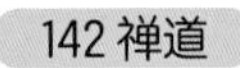
142 禅道

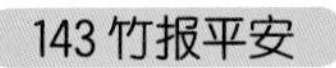
143 竹报平安

144 美味

145 生日快乐

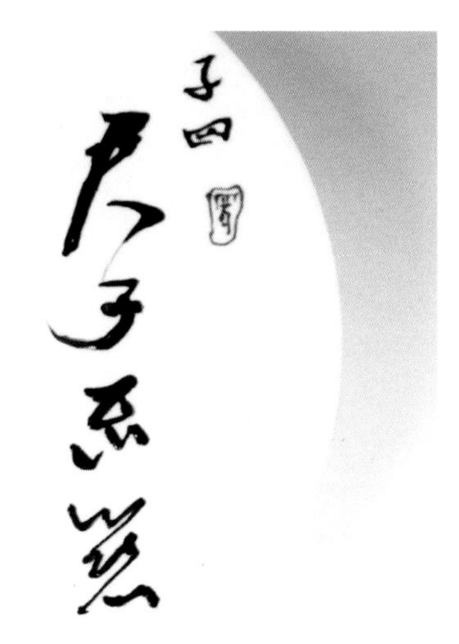

146 君子不器

147 寿比南山

148 寿之道

149 仙桃祝寿

150 无极

151 登高

152 山行

153 高山流水

154 短歌行

155 祝福

156 朝花夕拾

157 名厨之家

158 天地情缘

159 美食

160 一帆风顺

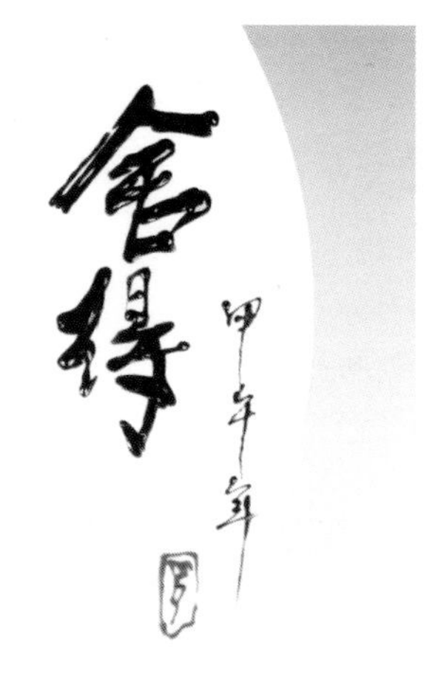

161 舍得

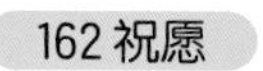

162 祝愿

163 酒歌

164 开悟

165 禅意

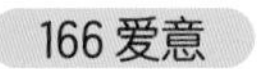
166 爱意

167 优雅

168 超级棒

169 中国红

170 春韵

171 感恩

172 甜蜜蜜

3.4　山水

173 蓝亭

174 河边小路

175 柳树

176 琼阁

177 仙境

178 岸边

179 山影

180 小岛

181 桥

182 桃源

183 山水情

184 山色美

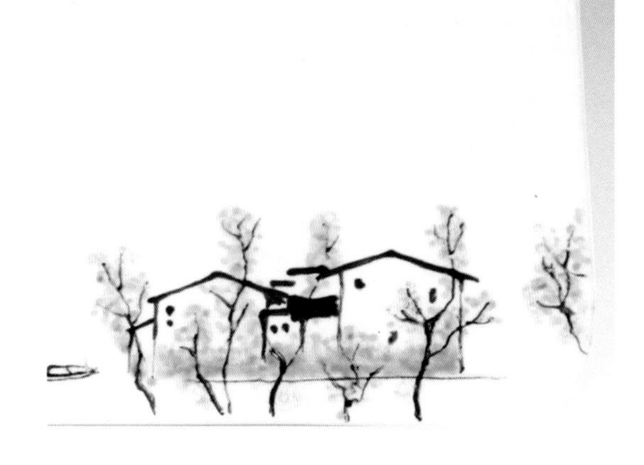

185 水乡

186 山下风景

187 小树

188 良田

189 石桥

190 画中人家

191 初秋

192 春分

193 老屋

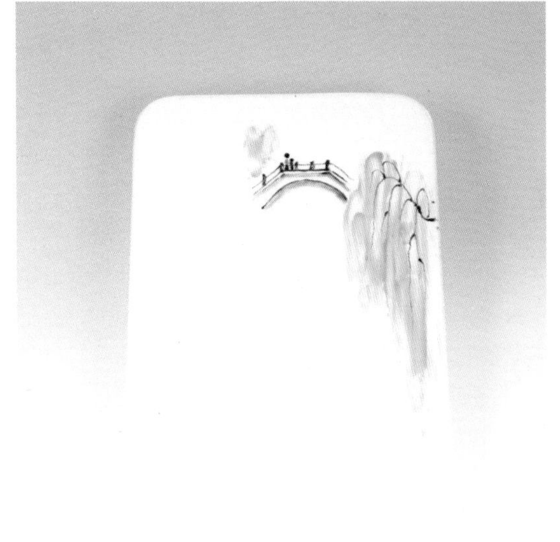

194 桥

195 暮钓

196 寒露

197 小暑

198 山影

3.5 鱼虾

199 相随

200 水草

201 虾趣

202 红鱼

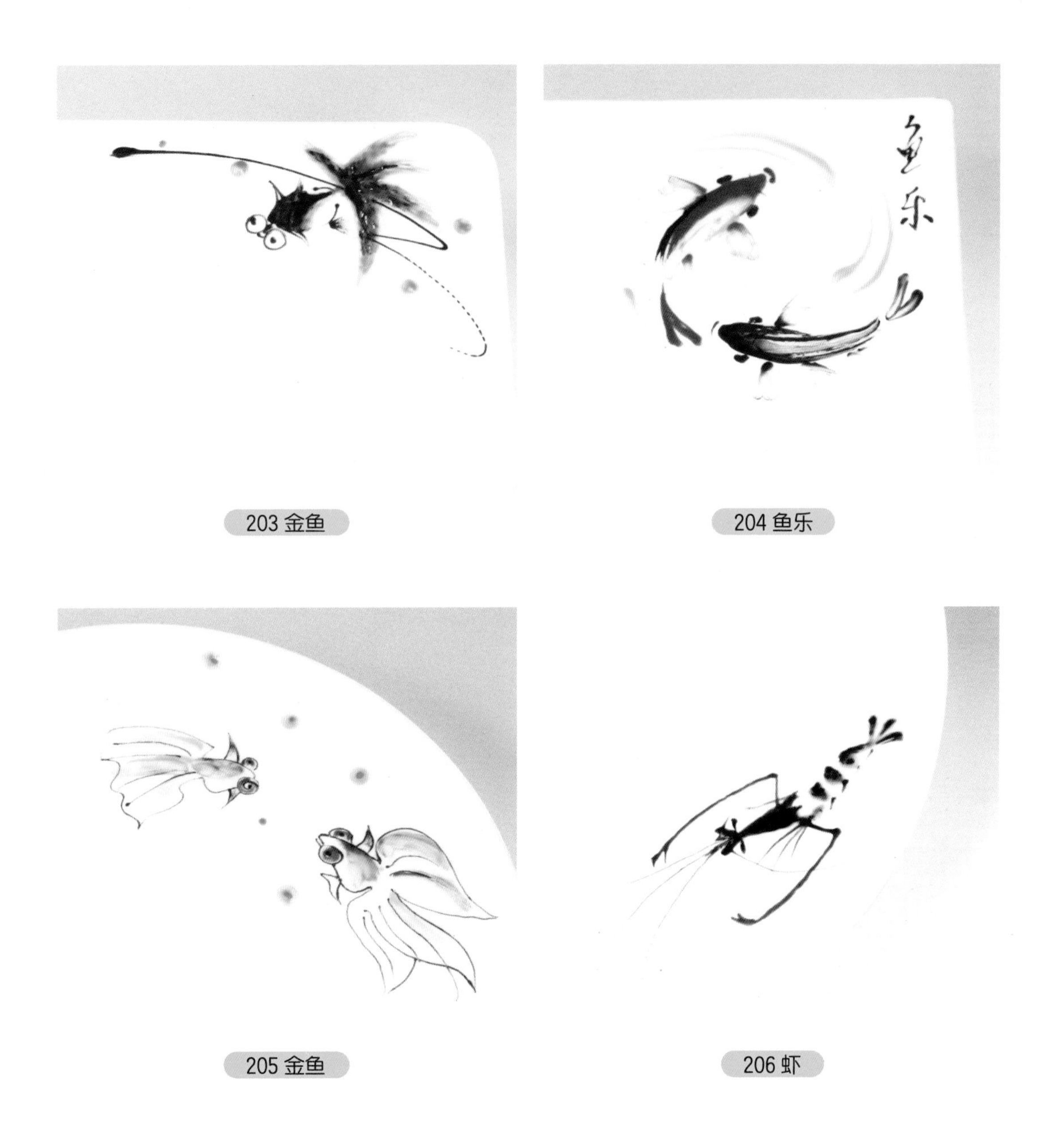

203 金鱼

204 鱼乐

205 金鱼

206 虾

207 金鲤

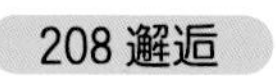

208 邂逅

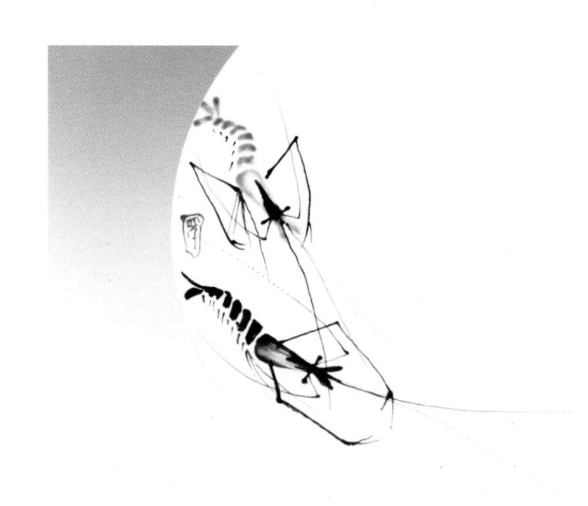

209 相伴

210 金玉满堂

211 清溪

212 神仙自在

213 神游

214 鱼戏

215 激流

216 霸气

217 浅游

218 夏至

3.6　花鸟

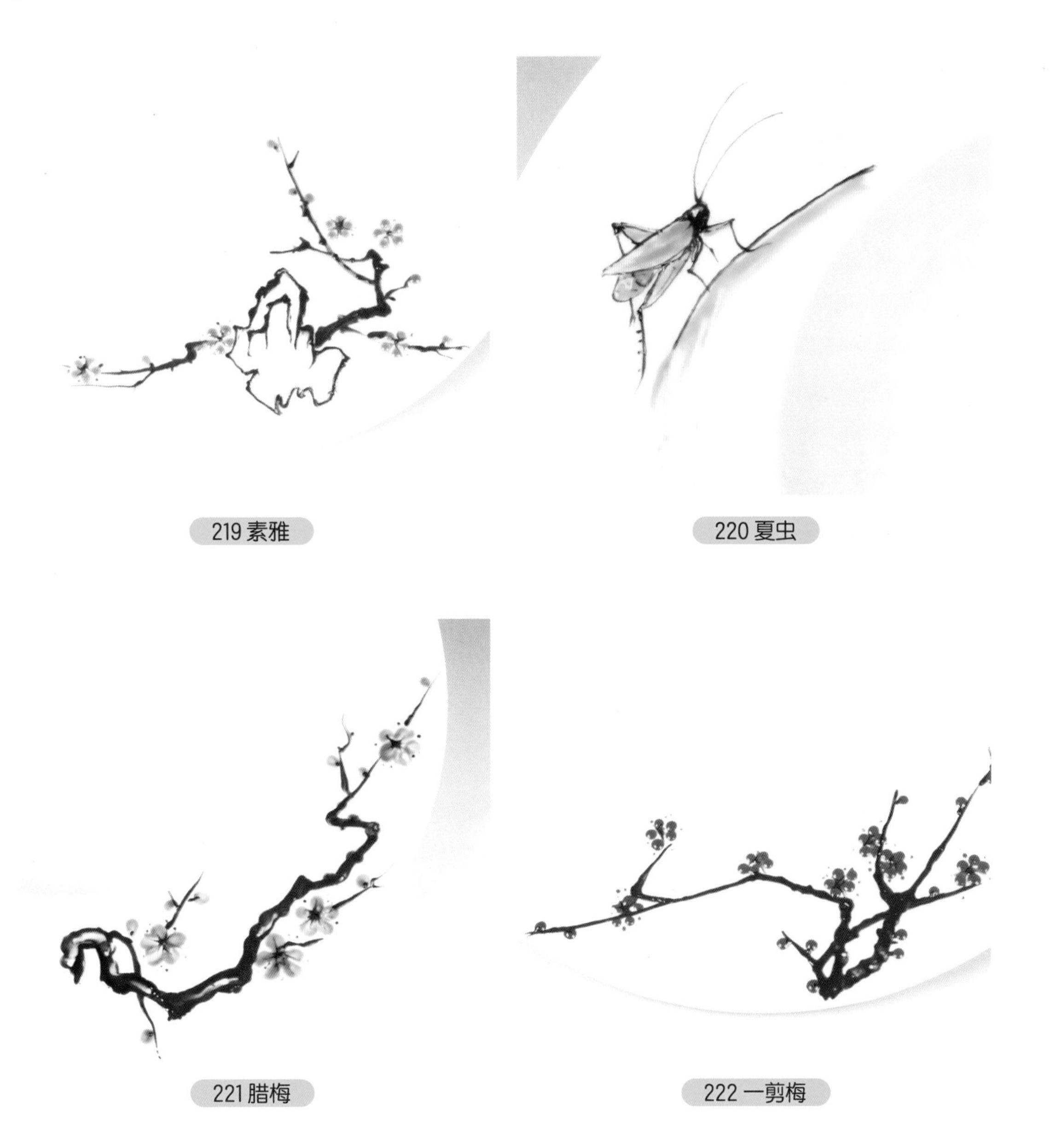

219 素雅

220 夏虫

221 腊梅

222 一剪梅

223 小鸟

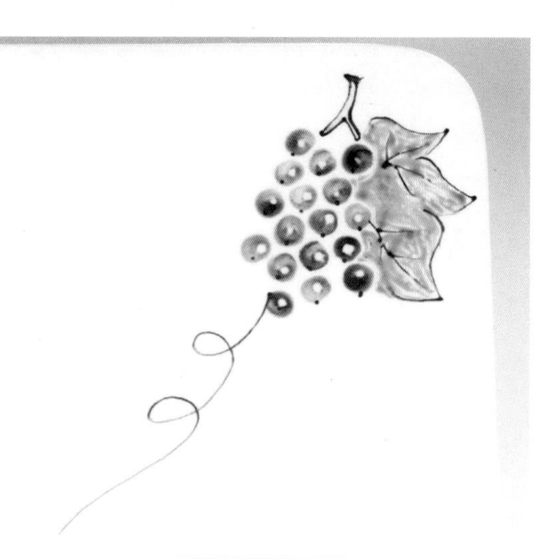

224 硕果累累

225 夏荫

226 葡萄

227 梅香

228 红梅赞

229 寒梅

230 翠竹

231 采蜜

232 雄风

233 新荷梢上

234 小鸭

235 竹枝

236 采香

237 良禽

238 鸟栖绿梅枝

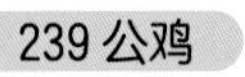

239 公鸡

240 蝴蝶

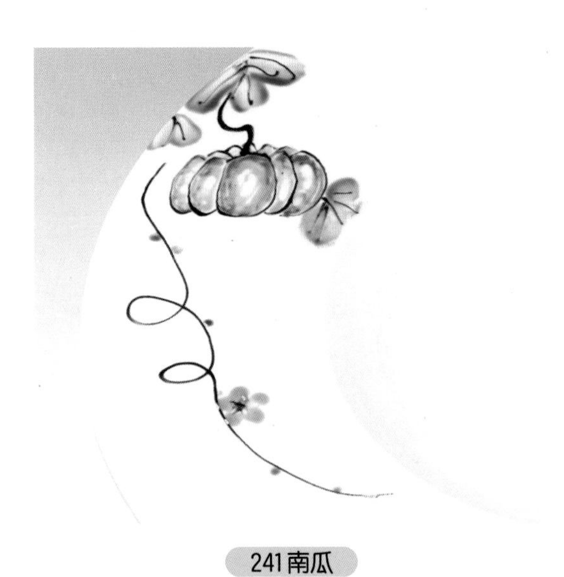

241 南瓜

242 黄鹂鸟

243 挺拔

244 雄赳赳

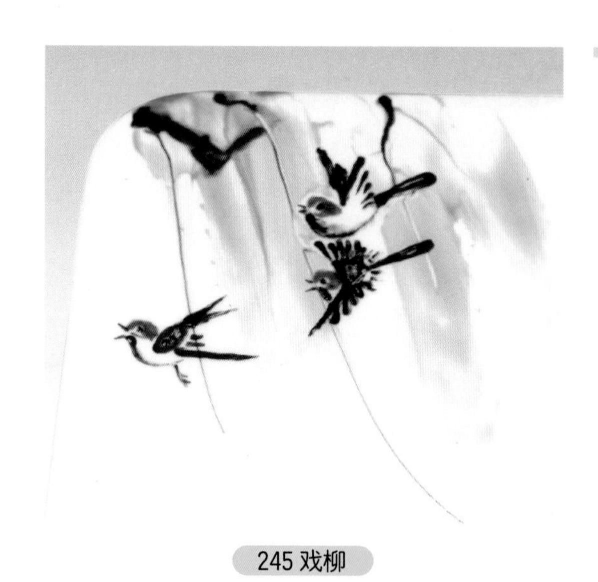

245 戏柳

246 八哥鸟

247 荷下

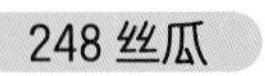

248 丝瓜

249 我要自由

250 冬至

251 枇杷

252 西瓜

253 鹤舞

254 白菜

255 猎物

256 蓝飞鸟

257 立秋

258 葫芦

259 竹叶青

260 遥望

261 含笑

262 八哥

263 冬至

264 回首

265 大寒

266 月季

267 立春

268 喇叭花

269 蓝喜鹊

270 嬉鱼

271 枝头

272 映日荷花

273 白鹅

274 荷香

275 红蜻蜓

276 翠鸟

277 处处闻啼鸟

278 大展宏图

279 怒放

280 蜜蜂与牵牛花

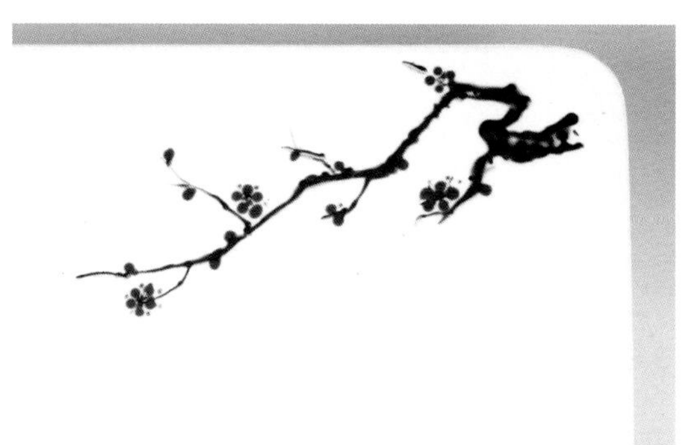

281 忆梅

282 芦花美

283 鸣秋

284 低飞的鹰

285 松枝上

286 青草池塘处处蛙

287 情话

288 石榴熟了

289 丝瓜花香

290 亭亭玉立

291 蛙鸣

292 玉兰花开

293 雄鹰

294 摘尽枇杷一树金

295 春天里

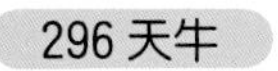

296 天牛

297 仙桃

298 奔马